木业自动化设备零部件 CAD 制图实用教程

主　编　杨　旭

副主编　付建林　王　杰　刘小凤
　　　　张　驰　罗　恒　袁凌云

参　编　刘振明　丰　波　邵自力

主　审　袁继池　田　刚

北京理工大学出版社
BEIJING INSTITUTE OF TECHNOLOGY PRESS

内 容 简 介

本书是《木业自动化设备 AutoCAD 教程》的实训指导教材，与万华禾香板业（荆门）有限责任公司合作开发，以工厂实际工作任务为依托，立足于高职木业计算机辅助设计软件实训教学的需要，突出学生岗位、职业能力的培养。实训内容按项目开展，并以任务驱动的形式进行编排。全书以 AutoCAD 2020 软件为基础，围绕机械制图规范来绘图的中心思想，主要内容包括八大项目：认识 AutoCAD 2020，绘制简单二维图形，绘制复杂二维图形，文字、尺寸的标注与编辑，绘制装配图，创建轴承盖三维实体，图纸布局与打印输出，综合实训。

本书可作为高等职业院校木业智能装备应用技术专业及相关专业的教材和参考书，也可作为木业行业企业员工岗前培训教材和机电类技术人员自学读物。

图书在版编目（C I P）数据

木业自动化设备零部件 CAD 制图实用教程 / 杨旭主编.
－－北京：北京理工大学出版社，2022.11
　　ISBN 978－7－5763－1894－4

Ⅰ. ①木…　Ⅱ. ①杨…　Ⅲ. ①园林－工程－自动化设备－机械制图－AutoCAD 软件－高等职业教育－教材
Ⅳ. ①TU986.3－39

中国版本图书馆 CIP 数据核字（2022）第 227115 号

出版发行 / 北京理工大学出版社有限责任公司
社　　址 / 北京市海淀区中关村南大街 5 号
邮　　编 / 100081
电　　话 /（010）68914775（总编室）
　　　　　（010）82562903（教材售后服务热线）
　　　　　（010）68944723（其他图书服务热线）
网　　址 / http://www.bitpress.com.cn
经　　销 / 全国各地新华书店
印　　刷 / 涿州市新华印刷有限公司
开　　本 / 787 毫米×1092 毫米　1/16
印　　张 / 19.25
字　　数 / 458 千字
版　　次 / 2022 年 11 月第 1 版　2022 年 11 月第 1 次印刷
定　　价 / 85.00 元

责任编辑 / 陈莉华
文案编辑 / 陈莉华
责任校对 / 周瑞红
责任印制 / 施胜娟

前　言

　　木业智能装备应用技术专业的学生实习、就业企业的自动化程度都很高，特别是大中型人造板和家具生产企业主要以进口设备为主，24 小时不停机，对于设备的维护维修要求很高。因此，学生需要具备对零部件进行现场测绘、设计的基本能力。本书正是基于木业智能装备应用技术专业的学生实习、就业岗位的实际需求，结合学生自身素质，专业教师多次入驻万华禾香板业（荆门）有限责任公司、湖北巨江实业有限公司、索菲亚家居湖北有限公司等进行考察学习，并邀请企业专家和技术人员共同编写。全书共列出了 8 个项目 24 个任务，重点突出了以下 3 个特点。

　　一是紧密结合行业特色，精准对接产业需求。通过查阅资料，目前出版的关于 AutoCAD 方面的教材基本是针对所有机电相关专业的内容，并没有单独细分针对木工自动化设备的 AutoCAD 应用教材，且大多偏向软件理论操作介绍，案例较少，不利于职业院校教学，而少数偏向实操的教材也没有和一线实际案例结合起来。本教材编写团队通过多次深入行业企业顶岗学习，考查、交流总结，将行业、产业企业的真实需求以及最新技术进展和工艺规范纳入教材编写当中，教材内容有效对接当前行业企业一线岗位实际工作任务和需求，使职业教育教学与行业企业需求密切联系。

　　二是融入课程思政元素，提升立德树人实效。本教材课程内容精思巧构，在编写过程中，注重联系学生思想实际，多维空间全方位融入课程思政元素，树立起学生正确的荣辱观、责任意识和职业操守。结合创新"互联网+"的教学方式，运用探究式和启发式的教育方法，利用微课这一教学手段，增强课堂趣味性、吸引力，积极引导学生主动参与到课堂中来，强化学生社会主义核心价值观，培育学生爱国主义情怀，培养学生敬业精益、专注创新的"工匠精神"和坚韧品格，引导学生对国家制造装备、智能制造、核心价值观的认同，提升立德树人实效。

　　三是校企协同联合开发，融入企业行业标准。本教材联合万华禾香板业（荆门）有限责任公司企业专家和技术人员，根据本专业学生的学习特点和企业行业岗前培训的需求，针对木业加工行业常用的计算机辅助设计软件 AutoCAD 进行了一定的梳理，将所需"时新技术、认证标准、技术标准、工艺流程"等全面、系统、有机地融入，从学生学习者视角和教师育人者视角出发，遵循学习认知规律和教学理念思维。以单个任务为单位组织教学，以工作手册的形式将任务贯穿起来，强调在知识的理解与技能操作掌握基础上的实践和应用。在人才培养过程中，根据实际典型案例，项目化教学锻炼学生利用软件绘图的能力，在"做中学，学中做"，培养学生发现问题、解决问题的能力，使学生在解决问题的过程中熟练操作使用 AutoCAD 软件，为木业智能装备应用技术专业的学徒制建设打下坚实的基础。

本书由湖北生态工程职业技术学院杨旭担任主编，万华禾香板业（荆门）有限责任公司付建林和湖北生态工程职业技术学院王杰、刘小凤、张驰、罗恒、袁凌云担任副主编，项目 1 由杨旭编写，项目 2 由王杰编写，项目 3 由张驰编写，项目 4 由袁凌云编写，项目 5 由罗恒编写，项目 6 和项目 7 由刘小凤编写，项目 8 由付建林编写。本书的策划和统稿工作由杨旭、王杰完成，湖北生态工程职业技术学院袁继池教授、万华禾香板业（荆门）有限责任公司田刚高级工程师担任本书的主审。本书的工作手册式教材编写思路也离不开湖北生态工程职业技术学院刘振明、丰波、邵自力的悉心指导。

由于编者水平有限，加之时间仓促，书中难免存在不妥之处，恳请广大读者批评指正，读者意见反馈邮箱：243619545@qq.com。本书内容如不慎侵权，请来信告知。

编　者
2022 年 1 月

目　录

项目 1　认识 AutoCAD 2020 ································· 1

　　任务 1　绘制简单直线图形 ························· 2
　　任务 2　设置 AutoCAD 2020 绘图环境 ·········· 20

项目 2　绘制简单二维图形 ······························· 44

　　任务 1　绘制吊钩 ······························· 45
　　任务 2　绘制平面组合图形 ····················· 58
　　任务 3　绘制基本三视图 ······················· 71

项目 3　绘制复杂二维图形 ······························· 92

　　任务 1　绘制底板 ······························· 94
　　任务 2　绘制手柄 ······························ 103
　　任务 3　绘制斜板 ······························ 111
　　任务 4　绘制槽轮 ······························ 120

项目 4　文字、尺寸的标注与编辑 ······················ 129

　　任务 1　轴类零件的尺寸标注 ··················· 130
　　任务 2　密封垫圈的尺寸标注 ··················· 145
　　任务 3　零件图尺寸标注 ······················· 156

项目 5　绘制装配图 ····································· 172

　　任务 1　拼画装配图 ···························· 173
　　任务 2　绘制标题栏、明细栏并填写 ············· 184
　　任务 3　建立机械样板文件并调用 ··············· 200

项目 6　创建轴承盖三维实体 ··························· 209

　　任务 1　三维动态观察及 UCS 的创建 ············ 209
　　任务 2　创建基本几何体 ······················· 220
　　任务 3　创建三维实体 ························· 233

任务 4　编辑三维实体 ……………………………………………… 247

任务 5　生成轴承盖的三视图 …………………………………… 261

项目 7　图纸布局与打印输出 ………………………………… 272

任务 1　在模型空间中打印出图 ………………………………… 272

任务 2　在图纸空间用布局打印出图 …………………………… 280

项目 8　综合实训 ………………………………………………… 287

任务 1　绘制压机烟湿风机联轴器 ……………………………… 287

任务 2　绘制木质风选机拨料杆底座 …………………………… 295

参考文献 …………………………………………………………… 302

项目 1 认识 AutoCAD 2020

项目描述

　　木业人造板厂家生产实际中需要将板材加工成需要的形状，AutoCAD 作为一款计算机辅助设计软件，常常用于板材形状和机械零件的加工设计。初学者在学习该软件时首先应了解其工作界面和基本操作方法，以及基本的参数设置，然后学习简单平面直线图形的绘制命令，作为 AutoCAD 学习的第一步至关重要，其操作过程往往会在任何一个图形绘制中采用。

　　本项目将从绘制简单直线图形开始，说明直线等命令的绘制技巧与方法。按如下要求绘制图 1–1 所示图形。

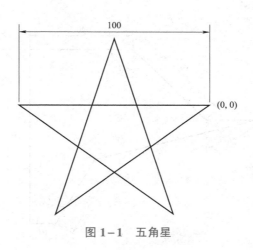

图 1–1　五角星

要求如下。

（1）设置绘图环境：

① 设置绘图单位，设置长度类型为"小数"，精度为 0.00，角度类型为十进制，精度为 0.0；

② 图形界限为 A4 图幅（210×297）。

（2）设置图层：设置图层名、颜色、线型和线宽，如表 1–1 所示。

（3）按 1:1 比例绘制图形。

（4）将绘制完成的图形文件保存到桌面，并命名为"项目任务 1–1"。

表 1-1　设置图层

图层名	颜色	线型	线宽/mm
粗实线	黑色	Continuous	0.5
细实线	绿色	Continuous	0.25
虚线	黄色	HIDDEN	0.25
中心线	红色	CENTER	0.25

任务 1　绘制简单直线图形

任务描述

AutoCAD 作为一款计算机辅助设计软件，在学习时首先要了解软件的工作界面和基本操作方法，然后学习简单直线图形的绘制。启动 AutoCAD 2020 软件，按照 1:1 的比例绘制图 1-2 所示的简单直线图形，并保存图形，然后关闭 AutoCAD 2020 软件，最后按保存路径打开此文件。

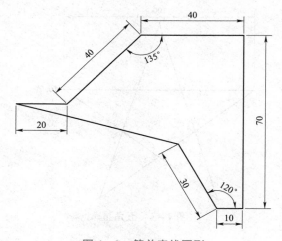

图 1-2　简单直线图形

任务目标

（1）熟悉 AutoCAD 2020 的工作空间。

（2）掌握 AutoCAD 2020 的启动、退出方法。

（3）掌握图形文件的管理方法。

（4）掌握"直线"命令的使用方法。

（5）掌握点坐标的输入方法。

任务分组

班级		组号		指导老师	
组长		学号			
组员					

任务准备

引导问题 1：AutoCAD 2020 启动和退出的常用方法有哪些？

_____

_____

引导问题 2：AutoCAD 2020 的工作空间组成有哪些？

_____

_____

引导问题 3：在 AutoCAD 2020 中如何创建图形文件、打开图形文件、保存图形文件？

_____

_____

引导问题 4：AutoCAD 2020 中命令执行的具体方式有哪些？

_____

_____

引导问题 5：点坐标的输入方法有哪些？

_____

_____

_____

任务实施

1. 启动 AutoCAD 2020

单击"开始"→"程序"→"Autodesk"→"AutoCAD 2020 – Simplified Chinese"→"AutoCAD 2020"命令，启动软件。

2. 创建新图形文件

单击"文件"→"新建"命令，弹出"选择样板"对话框，选择 acadiso.dwt 样板文件，单击"打开"按钮；然后单击"文件"→"另存为"命令，弹出"图形另存为"对话框，在"文件类型"下拉列表中选择"AutoCAD 2020 图形（*.dwg）"，输入文件名为"简单直线图形"，最后单击"保存"按钮。

3. 绘制简单直线图形

绘制简单直线
图形（1）

命令行提示如下：

命令：_line 指定第一点：

指定下一点或［放弃（U）］：@0, 70

指定下一点或［放弃（U）］：@-40, 0

指定下一点或［闭合（C）/放弃（U）］：@40<-135

指定下一点或［闭合（C）/放弃（U）］：@-20, 0

指定下一点或［闭合（C）/放弃（U）］：//按 Esc 键即可

命令：_line 指定第一点：（选定起始点）

指定下一点或［放弃（U）］：@-10, 0

指定下一点或［放弃（U）］：@30<120

指定下一点或［闭合（C）/放弃（U）］：U

4. 保存文件

单击"快速访问"工具栏上的"保存"按钮💾，选择保存路径进行保存之后，单击 AutoCAD 2020 工作空间标题栏右侧的"关闭"按钮。

5. 打开目标文件

按保存路径，找到文件名为"简单直线图形"的图形文件，然后双击打开即可。

任务评价

各组代表展示作品，介绍任务的完成过程，并完成表 1-2～表 1-4 所示的评价表。

表 1-2 学生自评表

班级：	姓名：		学号：
任务：绘制简单直线图形			
评价项目	评价标准	分值	得分
学习态度	学习态度端正，热爱学习、提前预习	20	
学习习惯	勤奋好学、工作习惯良好	20	
上课纪律	课堂积极，无迟到、早退、旷课现象	20	

续表

评价项目	评价标准	分值	得分
实践练习	思路清晰，绘图操作步骤正确、绘制的图形正确	20	
职业素养	安全生产、保护环境、爱护设施	20	
合计			

表 1-3　小组互评表

	任务：绘制简单直线图形					
评价项目	分值	等级				评价对象__组
计划合理	10	优 10	良 8	中 6	差 4	
方案准确	10	优 10	良 8	中 6	差 4	
团队合作	10	优 10	良 8	中 6	差 4	
组织有序	10	优 10	良 8	中 6	差 4	
工作质量	10	优 10	良 8	中 6	差 4	
工作效率	10	优 10	良 8	中 6	差 4	
工作完整	10	优 10	良 8	中 6	差 4	
工作规范	10	优 10	良 8	中 6	差 4	
成果展示	20	优 20	良 16	中 12	差 8	
合计						

表 1-4　教师评价表

班级：		姓名：		学号：		
	任务：绘制简单直线图形					
评价项目	评价标准			分值	得分	
考勤	无迟到、旷课、早退现象			10		
完成时间	60 分钟满分，每多 10 分钟减 1 分			10		
理论填写	正确率 100%为 20 分			20		
绘图规范	操作规范、绘制图形美观正确			10		
技能训练	绘制正确满分为 20 分			20		
协调能力	与小组成员之间合作交流			10		
职业素养	安全工作、保护环境、爱护设施			10		
成果展示	能准确汇报工作成果			10		
合计						
综合评价	自评（20%）	小组互评（30%）	教师评价（50%）	综合得分		

任务总结

（1）通过完成上述任务，你学到了哪些知识和技能？

_____

_____

（2）在绘图过程中，有哪些需要注意的事项？

_____

_____

_____

知识学习

1. AutoCAD 2020 软件概述

AutoCAD（Autodesk Computer Aided Design）是由美国 Autodesk 公司推出的计算机辅助设计软件，于 1982 年开始发布，具有绘制二维图形和三维图形、标注尺寸、渲染图形以及打印输出图纸等功能。AutoCAD 具有易于掌握、使用方便、体系结构开放等优点，广泛应用于机械、建筑、电子、航天、造船、石油化工、土木工程、冶金、地质、气象、纺织、轻工、商业等领域。在不同的行业中 Autodesk 公司开发了行业专用的版本和插件。经过多年的发展，该软件不断改进和升级，已经成为市面上最流行的工程设计和绘图软件之一。AutoCAD 具有广泛的适应性，今后将向智能化和多元化方向发展。

AutoCAD 软件的特点：

（1）具有完善的图形绘制功能。

（2）具有强大的图形编辑功能。

（3）图形显示精确，输入、输出方便快捷。

（4）扩展功能强大，可以采用多种方式进行二次开发或用户定制。

（5）可以进行多种图形格式的转换，具有较强的数据交换能力。

（6）支持多种硬件设备及多种操作平台。

（7）具有通用性、易用性，适用于各类用户。

2. AutoCAD 2020 启动和退出

1）AutoCAD 2020 的启动

启动 AutoCAD 2020 的方法有很多，下面介绍 3 种常用的方法：

（1）双击启动快捷图标 **A**。

（2）单击"开始"→"程序"→"Autodesk"→"AutoCAD 2020 – Simplified Chinese"→"AutoCAD 2020"命令。

（3）双击任意一个已经存在的 AutoCAD 图形文件（*.dwg 格式）。

2）AutoCAD 2020 的退出

退出 AutoCAD 2020 的方法有很多，下面介绍 4 种常用的方法。

（1）命令行：输入"Quit"或"Exit"后按<Enter>键。

（2）菜单栏：单击"文件"→"退出"命令。

（3）单击 AutoCAD 2020 工作空间标题栏右侧的"关闭"按钮。

（4）快捷键：按<Alt＋F4>或<Ctrl＋Q>组合键。

AutoCAD 2020 的
工作空间

3. AutoCAD 2020 的工作空间组成

1）AutoCAD 2020 软件系统的绘图工作界面

启动 AutoCAD 2020 软件后，进入如图 1－3 所示的绘图工作界面，AutoCAD 2020 中文版为用户提供了 5 种工作空间模式，分别是草图与注释、三维基础、三维建模、AutoCAD 经典、初始工作空间，并可根据需要初始化设置任何一个工作空间。每个工作空间都由标题栏、菜单栏、工具栏、绘图区、命令输入窗口、状态栏、文本窗口、工具选项板窗口等 8 部分组成。

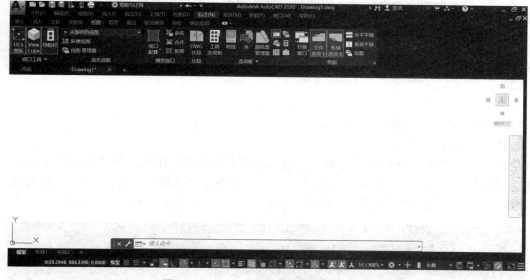

图 1－3　AutoCAD 2020 绘图工作界面

2）工作空间

工作空间是由分组的菜单、工具栏、选项板和功能区控制面板组成的集合，它使设计人员可以在专门的、面向任务的绘图环境中进行设计工作。

用户可以根据设计情况选用所需要的工作空间。例如，在创建三维模型时使用三维基础和三维建模工作空间，该工作空间仅包含与三维相关的工具栏、菜单和选项板，而三维建模不需要的界面选项会被隐藏起来，这样便使用户的工作屏幕区域最大化，有利于进行三维设计工作。AutoCAD 还可在工作过程中根据需要切换工作空间。

（1）切换工作空间。

在 AutoCAD 2020 软件中切换工作空间常用的方法有 2 种，即利用菜单栏和状态栏工具进行工作空间切换，无论选择哪一种工作空间，用户都可以随时进行更改，也可以自定义并保存自定义空间。

在菜单栏中选择"工作空间"选项，将显示工作空间的切换菜单，如图1-4所示。

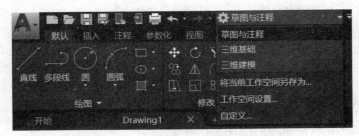

图1-4　菜单栏中的工作空间切换

在应用程序的状态栏中单击 ✿ ▾ 按钮，也可切换工作空间，如图1-5所示。

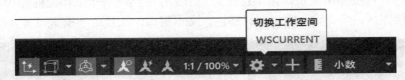

图1-5　状态栏中的工作空间切换

（2）工作空间内容。

①"草图与注释"空间。

"草图与注释"空间如图1-4所示。

②"三维建模"空间。

使用"三维建模"空间可以更加方便地在三维空间中绘制图形。将各种三维操作工具分布在功能区各个选项卡中，如在"常用"选项卡中集成了"建模""网格"和"实体编辑"等选项板，这样的设置为操作提供了非常便利的环境。"三维建模"空间界面如图1-6所示。

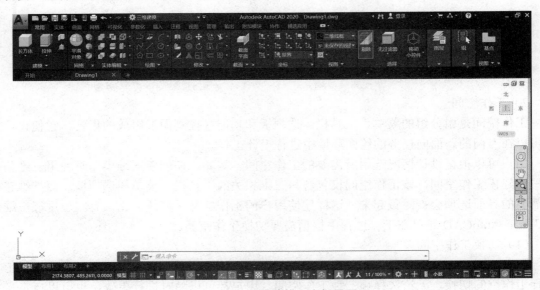

图1-6　"三维建模"空间界面

③ AutoCAD 经典空间。

对于习惯于 AutoCAD 传统界面的用户来说，可以使用"草图与注释"工作空间，其界面主要由"菜单浏览器"按钮、快速访问工具栏、菜单栏、工具栏、文本窗口与命令行、状态栏等元素组成，如图 1-7 所示。

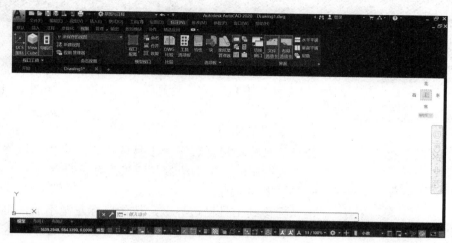

图 1-7　AutoCAD 经典空间界面

④ 标题栏。

标题栏出现在屏幕的顶部，用来显示当前正在运行的程序名及当前打开的图形文件名。如果启动 AutoCAD 或当前文件尚未保存，则显示 Drawing1。标题栏的最左侧是应用程序控制按钮。右侧的 3 个按钮依次为最小化按钮、还原窗口按钮、关闭应用程序按钮。

⑤ 菜单栏。

标题栏的下面是菜单栏，有 12 个项目，几乎包括了 AutoCAD 中全部功能和命令，它们按功能归并在不同的菜单组中，是应用程序调用命令的重要方式。

在快速访问工具栏中单击 按钮选择"显示菜单栏"，如图 1-8 所示，然后选择"显示菜单栏"选项，则出现菜单栏完整工具，如图 1-9 所示。

图 1-8　显示菜单栏

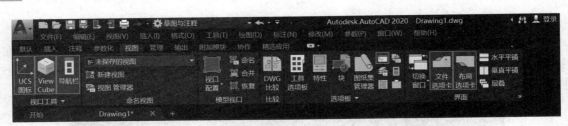

图 1-9　菜单栏完整工具

这些菜单包含了通常情况控制 AutoCAD 运行的功能和命令。例如,"文件"下拉菜单,主要用于文件管理,如图 1-10 所示。

⑥ 工具栏。

a. 工具栏的使用。

任一工具栏均包括若干个工具按钮。用户将光标移到工具栏的任一工具按钮上,单击即输入该按钮对应的命令。

b. 工具栏的调整。

将光标移到工具栏边界上,按住鼠标左键不放,可将该工具栏拖放到屏幕上的任意位置。当工具栏位于屏幕中间区域时称为浮动工具栏,此时将光标移到工具栏边界上,当光标变成一个双箭头时,拖动工具栏即可改变其形状。当工具栏位于屏幕边界时会自动调整其形状或初始大小,此时称为固定工具栏。

c. 绘图区。

绘图区没有边界,利用视窗缩放功能,可使绘图区无限增大或减小。因此,无论多大的图形,都可放置其中。

视窗的右边和下边分别有两个滚动条,可使视窗上下或左右移动,便于观察。

绘图区的下部有 3 个标签:模型、布局 1、布局 2,用于模型空间和图纸空间的切换。模型标签的左边有 4 个滚动箭头,用来滚动显示标签。

绘图区的左下角有 2 个互相垂直的箭头组成的图形,这是 AutoCAD 的坐标系(WCS)。当鼠标移至绘图区时,便出现十字光标,它是绘图的主要工具。

图 1-10　"文件"下拉菜单

⑦ 命令输入窗口。

在绘图区的下方是命令输入窗口。该窗口由 2 部分组成:命令历史窗口和命令行,如图 1-11 所示。命令输入窗口可以被拖放为浮动窗口。

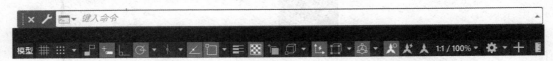

图 1-11　命令输入窗口

⑧ 状态栏。

AutoCAD 2020 界面的最下面是状态栏，其显示当前十字光标所处位置的三维坐标、通信中心按钮和一些辅助绘图工具按钮的开关状态，如捕捉、栅格、正交、极轴、对象捕捉、对象追踪、线宽和模型等。单击这些开关按钮，可以进行开关状态切换。

将光标移至图 1-12 所示辅助绘图工具扩展按钮上，右击，再单击其上的"捕捉设置"按钮就可设置相关的选项配置。

图 1-12　状态栏快捷菜单

⑨ 文本窗口。

由于文本窗口与命令窗口含有相同的信息，故用户可以在文本窗口中键入命令。在默认的状态下，文本窗口是不显示的，但可以按<F2>键显示文本窗口。作为相对独立的窗口，文本窗口有自己的滚动条、控制按钮等界面元素，也支持右击的快捷菜单操作。

⑩ 工具选项板。

在工具选项板窗口中包含几个选项卡，单击各标签即可切换至相应的选项卡对应的界面。工具选项板为组织、共享及放置块等对象提供了一种有效的方式，其中也可以包括由第三方开发商提供的自定义工具。

开关工具选项板方法有以下 3 种。

图 1-13　工具选项板窗口

a. 菜单栏：单击"工具"→"工具选项板窗口"命令。

b. 在工具栏空白区右击。

c. 快捷键：按<Ctrl+3>组合键。

以上任何一种操作都会打开工具选项板窗口，如图 1-13 所示。

● 小提示

在设置实体显示分辨率时，请务必记住，显示质量越高，即分辨率越高，计算机计算的时间越长，千万不要将其设置得太高。显示质量设定在一个合理的程度上是很重要的。

将光标移动到图标按钮上停留几秒，即可显示该按钮名称及其功能，按<F1>键可获得说明帮助。初学者非常有必要认识一些常用的图标按钮。若无意中丢失了菜单栏或所有工具栏，则可在命令状态下通过键盘输入"menu"命令（不区分大小写），在弹出的对话框中打开"acad.cuix"文件即可恢复。

在命令行中输入数据或命令时，必须把输入法关闭或调成半角模式，否则操作无效。输入完毕后须按<空格>或<回车>键表示确认后才有效。

对于初学者来说，在工具栏中单击命令按钮是最为简单、直接、有效的命令输入方式。在命令行中输入快捷命令，可以大大提高绘图速度，但这需要熟练掌握各种常用的快捷命令，是操作者的终极目标。

图形的文件管理

4. 图形的文件管理

1）创建图形文件

图形文件的创建有以下 3 种方式。

① "标准"工具栏：单击"新建"按钮▉。

② 命令行：输入"NEW"后按<Enter>键。

③ 菜单栏：单击"文件"→"新建"命令。

单击"文件"→"新建"命令，打开"选择样板"对话框，如图 1-14 所示。通过该对话框选择对应的样板后，单击"打开"按钮，系统会以相应的样板为模板建立新图形。

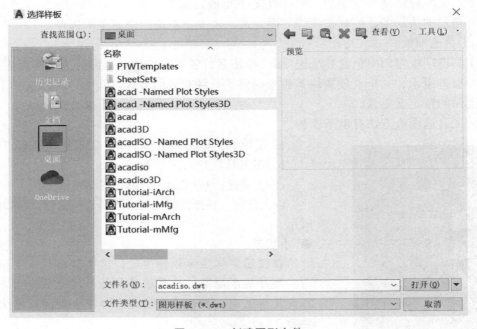

图 1-14　创建图形文件

2）打开图形文件

图形文件的打开有以下 3 种方式。

① "标准"工具栏：单击"打开"按钮▉。

② 命令行：输入"OPEN"后按<Enter>键。

③ 菜单栏：单击"文件"→"打开"命令。

单击"文件"→"打开"命令，打开"选择文件"对话框，如图 1-15 所示。通过该对话框选择要打开的图形文件后，单击"打开"按钮，即可打开该图形文件。在"选择文件"对话框中的列表框内选中某一图形文件时，一般会在右边的"预览"区显示出该图形的预览图像。

3）保存图形文件

图形文件的保存有以下 3 种方式。

① "标准"工具栏：单击"保存"按钮▉。

图 1-15　打开图形文件

② 命令行：输入"QSAVE"后按<Enter>键。

③ 菜单栏：单击"文件"→"另存为"命令或单击"文件"→"保存"命令。

单击"文件"→"另存为"命令，打开"图形另存为"对话框，如图 1-16 所示。

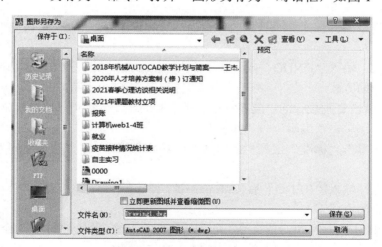

图 1-16　保存图形文件

5. 命令的操作

AutoCAD 2020 属于人机交互式软件，当用 AutoCAD 2020 绘图或进行其他操作时，首先要向系统发出命令，具体方式如下。

1）执行命令的方式

① 菜单执行命令：打开某个菜单，在其上单击需要的菜单命令，即可执行对应命令。例如：单击"绘图"→"直线"，即可执行"直线"命令。

② 工具栏执行命令：在工具栏上单击图标按钮，则执行相应命令。例如：单击"绘图"

工具栏的 直线 按钮，即可执行"直线"命令。

③ 命令行执行命令：在 AutoCAD 2020 命令行窗口中的命令提示符"键入命令"后，输入命令（或命令别名）并按<Enter>键（回车）或<空格>键以执行命令。例如：在命令行窗口中输入"LINE"命令或命令别名"L"，按<Enter>键后即可执行"直线"命令。

④ 按<Enter>键或<空格>键执行命令：当完成某一命令的执行后，如果需要重复执行该命令，则可以直接按键盘上的<Enter>键或<空格>键。

⑤ 右键快捷菜单执行命令：使光标位于绘图窗口，右击，AutoCAD 2020 会弹出快捷菜单，然后在快捷菜单中选择相应命令。

2）响应命令的方式

① 在绘图区操作：在执行命令后，用户需要输入点的坐标值、选择对象以及选择相关的选项来响应命令。

② 在命令行操作：在命令行操作是 AutoCAD 最传统的方法。在执行命令后，根据命令行的提示，用键盘输入点的坐标值或有关参数后再按<Enter>键或<空格>键即可执行有关操作。

3）放弃命令的方式

放弃命令可以实现从最后一个命令开始，逐一取消前面已经执行了的命令。执行"放弃"命令的方式如下。

① 菜单命令：单击"编辑"→"放弃"。

② 工具栏：单击"标准"工具栏的"重做"按钮 ➡ 或单击"快速访问"工具栏的"放弃"按钮 ◀ 。

③ 键盘输入：输入"UNDO"或"U"后按<Enter>键，或按<Ctrl+Z>组合键。

4）重做命令的方式

重做命令可以恢复刚执行的"放弃"命令所放弃的操作。执行"重做"命令的方式如下。

① 菜单命令：单击"编辑"→"重做"。

② 工具栏：单击"标准"工具栏的"放弃"按钮 ◀ 或单击"快速访问"工具栏的"重做"按钮 ➡ 。

③ 键盘输入：输入"REDO"后按<Enter>键。

5）中止命令的方式

命令的中止即中断正在执行的命令，回到等待命令状态。执行"中止"命令的方式如下。

① 键盘输入：输入"Esc"后按<Enter>键或按<Esc>键。

② 鼠标操作：右击后执行快捷菜单的"取消"命令。

6）重复命令的方式

使用命令的重复方式能快速调用刚执行完的命令，可以提高操作速度，执行"重复"命令的方式如下。

① 键盘输入：按<Enter>键或<空格>键。

② 鼠标操作：右击后执行快捷菜单的"重复"命令。

7）透明命令

在 AutoCAD 2020 中，透明命令是指在执行其他命令的过程中可以执行的命令。例如：在绘制直线过程中执行的"缩放"命令就是透明命令。透明命令多为修改图形设置、绘图工具等命令，如捕捉（SNAP）、栅格（GRID）、缩放（ZOOM）等命令。

输入透明命令前应先输入一个单引号"'"。在命令行中，透明命令的提示符前有一个双折号">>"。透明命令执行结束后，将继续执行原命令。

● 小提示

在 AutoCAD 2020 中，一般情况下均可以通过右击、按<Enter>键、按<空格>键、按<Esc>键 4 种方式退出命令操作。

6. 鼠标与键盘

1）鼠标

AutoCAD 2020 在输入状态时，鼠标形象为十字光标。在选择编辑目标时，鼠标形象为一小矩形框。鼠标按键用途如表 1-5 所示。

表 1-5　鼠标按键用途

鼠标按键	左键	右键	滚轮
用途	1. 拾取（选择）对象 2. 选择菜单命令 3. 输入点 4. 在绘图区直接单击一点或捕捉一个特征点	1. 确认拾取 2. 确认默认值 3. 中止当前命令 4. 重复上一条命令 5. 弹出快捷菜单	1. 转动滚轮，可实时缩放 2. 按住滚轮并拖动鼠标，可实时平移 3. 双击滚轮，可实现显示全部的功能

2）键盘

在命令提示区域，可直接使用键盘输入命令、数据和相应信息，可用<Backspace>键进行修改，输入正确后按<Enter>键确认输入。

在对话框的文本框里，可直接键入文字。利用<Tab>键可在对话框的选项之间顺序切换，使用<Shift+Tab>组合键可使对话框的选项以相反的顺序切换。

键盘上常用的功能键用途如表 1-6 所示。

表 1-6　键盘上常用的功能键用途

功能键	<空格>键	<Enter>键	<Esc>键	<Delete>键
用途	1. 结束数据的输入或确认默认值 2. 结束命令 3. 重复上条命令	与<空格>键基本相同	取消当前的命令	选择对象后，按下该键将删除被选择的对象

7. 绘图显示控制

用户在绘图的时候，因为受到屏幕大小的限制，以及绘图区域大小的影响，需要频繁地移动绘图区域。在 AutoCAD 2020 中需要借助图形显示控制功能来解决。

1）视图缩放

我们把按照一定的比例、观察角度与位置显示的图形称为视图。作为专业的绘图软件，AutoCAD 2020 提供"缩放"命令来完成此项功能。该命令可以对视图进行放大或缩小，而对图形的实际尺寸不产生任何影响。在对视图进行放大时，就像手里拿着放大镜；对视图进行缩小时，就像站在高处俯视。可以使用以下方法中的任何一种来激活视图缩放功能。

① 下拉菜单：单击"视图"→"缩放"命令，如图 1-17 所示。

② 命令窗口：输入"ZOOM"或"Z"后按<Enter>键。

③ 快捷菜单：右击，在弹出的快捷菜单中单击"缩放"命令，如图 1-18 所示。

图 1-17　下拉菜单"缩放"命令

图 1-18　快捷菜单"缩放"命令

"缩放"菜单中各命令的含义如下。

➤ 实时（R）：执行此命令后，在屏幕上会出现一个放大镜形状的光标。按住鼠标左键向上移动光标，可放大图形；按住鼠标左键向下移动光标，可缩小图形。通过这个命令，用户可以方便自如地观察图形。

➤ 上一个（P）：该命令可使 AutoCAD 2020 返回上一视图，连续执行该命令，可逐步后退，返回到前面的视图。

➤ 窗口（W）：该命令允许用户以输入一个矩形窗口的两个对角点的方式来确定要观察的区域，这两个对角点的指定既可通过键盘输入，也可用鼠标拾取。

➤ 动态（D）：该命令先临时显示整个图形，同时自动构造一个可移动的视图框，用此视图框来确定新视图的位置和大小。

➤ 比例（S）：该命令将保持图形的中心点位置不变，允许用户输入新的缩放比例倍数对图形进行缩放。

➤ 圆心（C）：该命令将根据用户所指定的新的中心点建立一个新的视图。执行该命令后用户可直接在屏幕上选择一个点作为新的中心点，确定中心点后，用户可重新输入放大系数或新视图的高度。如果输入的数值后加上字母 X，则表示放大系数；如果未加 X，则表示新视图的高度。

➤ 对象：该命令用于在缩放时尽可能大地显示一个或多个选定的对象，并使其位于绘图区域的中心。

> 放大（I）或缩小（O）：执行一次"放大"命令，将以 2 倍的比例对图形进行放大；执行一次"缩小"命令，将以 1/2 的比例对图形进行缩小。

> 全部（A）：该命令将依照图形界限或图形范围的尺寸，在绘图区域内显示全部图形。

> 范围（E）：该命令将所有图形全部显示在屏幕上，与"全部"命令不同的是，其将最大限度地充满整个屏幕，而与图形的边界无关。

2）平移

"平移"命令用于移动视图，而不对视图进行缩放。我们可以使用以下方法中的任何一种来激活此项功能。

① 下拉菜单：单击"视图"→"平移"命令，如图 1-19 所示。

② 命令窗口：输入"PAN"后按<Enter>键。

③ 快捷菜单：绘图时，右击，在弹出的快捷菜单中单击"平移"命令，如图 1-20 所示。

图 1-19　下拉菜单"平移"命令

图 1-20　快捷菜单"平移"命令

平移分为两种：实时平移与定点平移。

① 实时平移——光标变成手形，此时按住鼠标左键移动，即可实现实时平移。

② 定点平移——用户输入两个点，视图按照两点间的直线方向移动。

● 小提示

视图缩放与平移可通过操作鼠标滚轮来实现。转动滚轮，可实现缩放功能；按住滚轮并拖动鼠标，可实时平移；双击滚轮，可显示全部。

8. 直线命令

1）功能

在 AutoCAD 2020 中，直线是图形中最基本的元素。"直线"（LINE）命

直线命令的操作

17

令主要用于在两点之间绘制线段。用户可以通过鼠标或输入点的标值来决定线段的起点和端点。使用"直线"命令，可以创建一系列连续的线段。当用"直线"命令绘制线段时，允许以该线段的端点为起点，绘制另一条线段，如此循环直到按<Enter>键或<Esc>键中止命令。

2）执行命令的方法

执行"直线"命令有以下 3 种方法。

① "绘图"工具栏：单击"直线"按钮。

② 命令行：输入"LINE"后按<Enter>键。

③ 菜单栏：单击"绘图"→"直线"命令。

3）操作步骤

单击"绘图"→"直线"命令，命令行提示如下：

命令：_line

指定第一点：　　　　　　　　　　　　//输入直线段的起点

指定下一点或［放弃（U）］：　　　　//输入直线段的端点

指定下一点或［放弃（U）］：　　　　//输入下一直线段的端点，在绘图区右击，在弹出的快捷菜单中执行"确认"命令，或按<Enter>键

指定下一点或［闭合（C）/放弃（U）］: //指定下一直线段的端点或输入"C"后按<Enter>键

4）有关说明及提示

① 执行"直线"命令一次可画一条直线，也可连续画多条直线。每条直线都是一个独立的对象。

② 坐标输入时可以直接输入指定点的坐标值。

③ 放弃（U）：取消最后一条线段。

④ 闭合（C）：终点和起点重合，图形封闭。

9. 点的输入方式

点的输入方式

绘制图形时，无论图形多么复杂，其实都是由基本的 AutoCAD 对象（如点、线、圆和文本）构成的，所有这些对象都要求用户输入点以指定它们的位置、大小和方向，所以精确地输入点的坐标是绘图的关键。

1）绝对直角坐标

绝对直角坐标是以原点（0，0，0）为基点定位所有的点。AutoCAD 2020 默认原点位于绘图区左下角。在直角坐标系中，X、Y、Z 三轴线在原点（0，0，0）相交，绘图区内的任何一点均可用（0，0，0）表示，用户可以通过输入 X、Y、Z 坐标来定义点的位置。

2）绝对极坐标

极坐标是通过相对于极点的距离和角度来定义的。在系统默认情况下，AutoCAD 2020 以逆时针来测量角度（顺时针测量前加"－"）。水平向右为 0°（或 360°），垂直向上为 90°，水平向左为 180°，垂直向下为 270°。

3）相对直角坐标

相对直角坐标是某点相对某一特定点的坐标变化。绘图时用户常把上一点看作特定点，

后续绘图操作是相对前一点而进行的。相对直角坐标用（@X、Y、Z）的方式输入。例如：在二维绘图时，如果前一点的坐标为（20，30），下一点的相对坐标为（@6，9），则该点的绝对坐标为（26，39）。

4）相对极坐标

相对极坐标是通过相对于某一特定点的极长距离和偏移角度来表示的。相对极坐标是以上一已知点或操作点作为极点，而不是以原点作为极点，这就是相对极坐标和绝对极坐标的区别。相对极坐标用（@l<α）的形式表示，其中@表示相对，l表示极长距离，α表示偏移角度。

5）直接距离输入

AutoCAD 2020 支持相对坐标输入的一种变形，称为直接距离输入。在直接距离输入中，用户可以通过移动鼠标来指定一个方向，然后输入距第一个点的距离来确定下一个点，它提供了一种更直接和更容易的输入方式。

拓展训练

按尺寸绘制以下所示图形并存盘，不必标注尺寸，文件名为"姓名 – 项目 1 – 1 拓展训练"。

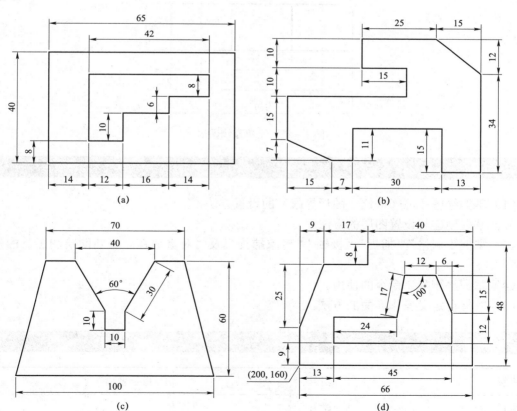

任务 2   设置 AutoCAD 2020 绘图环境

任务描述

　　绘制图 1-21 所示图形，要求根据图形的尺寸设置图形界限和绘图环境，根据需要创建图层，利用绘图辅助功能（如对象捕捉、对象追踪等）加快绘图速度，最后利用"删除"命令删去多余的线。

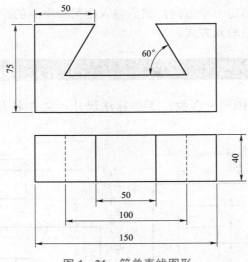

图 1-21　简单直线图形

任务目标

　　（1）掌握绘图环境（单位、图形界限）的设置方法。
　　（2）掌握创建与设置图层的方法。
　　（3）掌握"栅格""捕捉""极轴""对象捕捉"及"对象追踪"等辅助绘图工具的使用方法。
　　（4）掌握"删除"命令的使用。
　　（5）掌握自定义操作界面的方法。

任务分组

班级		组号		指导老师	
组长		学号			
组员					

任务准备

引导问题 1：如何设置图形单位和图形界限？设置图形界限有什么作用？

_____

_____

_____

引导问题 2：简述图层管理的意义。

_____

_____

_____

引导问题 3：AutoCAD 2020 如何完成图层的设置？

_____

_____

_____

引导问题 4：如何使用系统提供的辅助绘图工具快速绘图？

_____

_____

_____

引导问题 5：简述执行"删除"命令的方法和操作步骤。

_____

_____

_____

任务实施

1. 创建新图形文件

单击"文件"→"新建"命令，弹出"选择样板"对话框，选择"acadiso.dwt"样板文件，单击"打开"按钮；然后单击"文件"→"另存为"命令，弹出"图形另存为"对话框，在"文件类型"下拉列表中选择"AutoCAD 2020 图形（.dwg）"，输入文件名为"简单直线图形"，之后单击"保存"按钮。

绘制简单直线
图形（2）

2. 设置图形单位

单击"格式"→"单位"命令，打开"图形单位"对话框，将"长度"选项组的"类型"设置为"小数"，"精度"设置为"0"；将"角度"选项组的"类型"设置为"十进制度数"，"精度"设置为"0"，之后单击"确定"按钮。

3. 设置图形界限

（1）单击"格式"→"图形界限"命令，在命令行窗口中输入图形界限两个对角点的坐标"0，0"和"297，210"；

（2）在命令行窗口中输入"Z"，按<Enter>键，再输入"A"（即选择"全部（A）"选项），单击状态栏上的"栅格"按钮，显示图形界限。

4. 设置图层

打开"图层特性管理器"对话框，设置图层名、颜色、线型和线宽，可参考表 1–1。

5. 绘制图形

选择图层至"粗实线"图层，命令行提示如下：

命令：_line

指定第一点：<正交 开> <对象捕捉 开>0，0

指定下一点或［放弃（U）］：150   //十字光标向 X 轴正方向移动

指定下一点或［放弃（U）］：40   //十字光标向 Y 轴正方向移动

指定下一点或［闭合（C）/放弃（U）］：150 //十字光标向 X 轴负方向移动

指定下一点或［闭合（C）/放弃（U）］：C

命令：1

LINE 指定第一点：50，0

指定下一点或［放弃（U）］：   //十字光标向 Y 轴正方向移动捕捉垂足

指定下一点或［放弃（U）］：   //取消

命令：1

LINE 指定第一点：100，0

指定下一点或［放弃（U）］：   //十字光标向 Y 轴正方向移动捕捉垂足

指定下一点或［放弃（U）］：   //取消

切换图层至"虚线"图层，命令行提示如下：

命令：1

LINE 指定第一点：25，0

指定下一点或［放弃（U）］：   //十字光标向 Y 轴正方向移动捕捉垂足

指定下一点或［放弃（U）］：   //取消

命令：1

LINE 指定第一点：125，0

指定下一点或［放弃（U）］：   //十字光标向 Y 轴正方向移动捕捉垂足

指定下一点或［放弃（U）］：   //取消

切换图层至"粗实线"图层，命令行提示如下：

命令：1

LINE 指定第一点：0，60

指定下一点或［放弃（U）］：150   //十字光标向 X 轴正方向移动

指定下一点或［放弃（U）］：75　　　　　　　//十字光标向 Y 轴正方向移动

指定下一点或［闭合（C）/放弃（U）］：50　　　//十字光标向 X 轴负方向移动

指定下一点或［闭合（C）/放弃（U）］：@50<−60

指定下一点或［放弃（U）］：100　　　　　　　//十字光标向 X 轴负方向移动

指定下一点或［闭合（C）/放弃（U）］：@50<60

指定下一点或［闭合（C）/放弃（U）］：50　　　//十字光标向 X 轴负方向移动

指定下一点或［放弃（U）］：（捕捉到<0，60>点）　//十字光标向 Y 轴负方向移动

指定下一点或［闭合（C）/放弃（U）］：　　　　//取消

6. 对图形进行整理，删除多余图线

利用"删除"命令，删除多余图线。

7. 保存文件

单击"快速访问"工具栏上的"保存"按钮💾，保存图形文件。

任务评价

各组代表展示作品，介绍任务的完成过程，并完成表 1−7～表 1−9 所示的评价表。

表 1−7　学生自评表

班级：	姓名：		学号：	
任务：设置 AutoCAD 2020 绘图环境				
评价项目	评价标准		分值	得分
学习态度	学习态度端正，热爱学习、提前预习		20	
学习习惯	勤奋好学、工作习惯良好		20	
上课纪律	课堂积极，无迟到、早退、旷课现象		20	
实践练习	思路清晰，绘图操作步骤正确、绘制的图形正确		20	
职业素养	安全生产、保护环境、爱护设施		20	
合计				

表 1−8　小组互评表

任务：设置 AutoCAD 2020 绘图环境					
评价项目	分值	等级			评价对象__组
计划合理	10	优 10	良 8	中 6	差 4
方案准确	10	优 10	良 8	中 6	差 4
团队合作	10	优 10	良 8	中 6	差 4
组织有序	10	优 10	良 8	中 6	差 4

续表

评价项目	分值	等级				评价对象__组
工作质量	10	优 10	良 8	中 6	差 4	
工作效率	10	优 10	良 8	中 6	差 4	
工作完整	10	优 10	良 8	中 6	差 4	
工作规范	10	优 10	良 8	中 6	差 4	
成果展示	20	优 20	良 16	中 12	差 8	
合计						

表 1-9　教师评价表

班级：		姓名：		学号：	
任务：设置 AutoCAD 2020 绘图环境					
评价项目	评价标准			分值	得分
考勤	无迟到、旷课、早退现象			10	
完成时间	60 分钟满分，每多 10 分钟减 1 分			10	
理论填写	正确率 100%为 20 分			20	
绘图规范	操作规范、绘制图形美观正确			10	
技能训练	绘制正确满分为 20 分			20	
协调能力	与小组成员之间合作交流			10	
职业素养	安全工作、保护环境、爱护设施			10	
成果展示	能准确汇报工作成果			10	
合计					
综合评价	自评（20%）	小组互评（30%）	教师评价（50%）	综合得分	

任务总结

（1）通过完成上述任务，你学到了哪些知识和技能？

_____

_____

（2）在绘图过程中，有哪些需要注意的事项？

_____

知识学习

1. 设置图形单位与图形界限

设置图形单位与
图形界限

1）设置图形单位

在使用 AutoCAD 2020 绘图前，首先要对绘图区进行设置，以便能够确定绘制的图样与实际尺寸的关系，便于绘图。一般情况下，在绘制图形之前需要先设置图形单位，然后设置图形界限。

图形中绘制的所有对象都是根据单位进行测量的。绘图前应该先确定度量单位，即确定一个单位代表的距离。如果没有特殊情况，则一般保持默认设置。

（1）执行命令的方法。

① 命令行：输入"units"，按<Enter>键。

② 菜单栏：单击"格式"→"单位"命令。

（2）操作步骤。

① 单击"格式"→"单位"命令，打开"图形单位"对话框，如图 1-22 所示。在该对话框中可以设置图形的长度、角度单位的类型和精度，以确定所绘制对象的真实大小。

② 选择单位类型，确定图形输入、测量及坐标显示的值。长度选项的类型设有"分数""工程""建筑""科学""小数" 5 种，一般情况下选择"小数"类型，这是符合国家标准的长度单位类型。

③ 在"图形单位"对话框中设置角度的类型及精度。

④ 单击"方向"按钮，打开"方向控制"对话框，如图 1-23 所示。在该对话框中，可以选择基准角度，通常以"东"作为 0°的方向。

图 1-22 "图形单位"对话框

图 1-23 "方向控制"对话框

2）设置图形界限

（1）功能。

图形界限用于标明用户的工作区和图纸的边界。设置图纸界限就是为控制的图形设置某个范围。国家标准规定的图纸基本幅面尺寸如表 1-10 所示。

表 1-10　图纸基本幅面尺寸　　　　　　　　　　　　　　　　　　mm

幅面代号		A0	A1	A2	A3	A4
幅面尺寸 $B \times L$		841×1 189	594×841	420×594	297×420	210×297
周边尺寸	a	25				
	c	10			5	
	e	20		10		

（2）命令启动方法。

① 命令行：输入"limits"后按<Enter>键。

② 菜单栏：单击"格式"→"图形界限"命令。

（3）操作步骤。

当输入"limits"后，在命令行有如下的提示：

指定左下角点或 ［开（ON）/关（OFF）］ <0.0000，0.0000>：

该提示信息要求确定绘制图形的左下角点的坐标，用户可以直接按<Enter>键接受系统默认值，也可以输入新点的坐标值，还可以拖动光标在绘图区内任意单击选取一点进行确定。如果选择"ON"选项，则绘图时图形不能超出图形界限；若超出系统不予绘出，选择"OFF"选项则准予超出界限图形。

在图形视图中指定图形界限的左下角点的坐标后，系统会继续提示用户确定图形界限的右上角，指定右上角点。

当图形界限的左下角和右上角确定之后，图形界限也就确定了。

● 小提示

（1）在设置图形界限之前，需要启动状态栏中的"栅格"功能，只有启动该功能才能清楚地查看图形界限的效果。栅格所显示的区域即设置的图形界限区域。

（2）只有有经验的用户才可以修改系统的环境参数，否则修改后可能造成 AutoCAD 2020 的某些功能无法正常使用。

2. 图层的设置与控制

1）图层的特点

图层是用户用来组织自己图形的最有效的工具之一。在图形中通常包含多

图层的设置

个图层，它们就像一张张透明的图纸重叠在一起。在机械制图中，图形中主要包括基准线、轮廓线、虚线、剖面线、尺寸标注以及文字说明等元素，如果用图层来管理这些元素，不仅会使图形的各种信息清晰有序、便于观察，而且也会给图形的编辑、修改和输出带来便利。

所有图形对象都具有图层、颜色、线型和线宽 4 个基本属性，可以使用不同属性设置绘

制不同的对象元素，以方便控制对象的显示和编辑，提高绘制复杂图形的效率和准确性。

图层具有以下特性：

（1）每个图层都有一个名字。

（2）图层的数量没有限制。

（3）每一层都有确定的线型、颜色和线宽。

（4）同一层中所有对象都有相同的状态（可见或不可见）。

（5）所有图层具有相同的坐标系、绘图界限、显示时的缩放倍数，用户可以对位于不同图层上的对象同时进行编辑操作。

（6）在一个时刻有且只有一个图层被设置为当前层，用绘图命令建立的对象，被放在当前层上。

2）设置图层属性

对图层的设置与使用一般通过图 1–24 所示的"图层特性管理器"对话框来完成，调用图层特性管理器有以下 3 种方法。

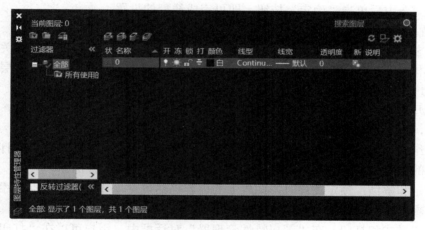

图 1–24　"图层特性管理器"对话框

菜单栏：单击"格式"→"图层"→"图层特性管理器"命令。

工具栏：单击"图层面板"按钮 。

命令行：输入"LAYER"。

"图层特性管理器"对话框显示了图形中图层的列表及其特性，需要注意的是，AutoCAD 2020 自动创建一个图层名为"0"的层，该图层是不能被删除或更名的，它含有与图形块有关的一些特殊变量。

（1）新建图层。

单击"图层特性管理器"对话框中的"新建图层"按钮 ，即可创建一个新的图层，可以在"名称"文本框中输入该图层的名称，并设置颜色、线型、线宽等属性。单击"删除图层"按钮 ，即可将选中的图层删除。

（2）设置图层颜色。

在"图层特性管理器"对话框中单击某一图层对应的"颜色"选项，打开"选择颜色"对话框，在该对话框中可以对该图层的颜色进行设置。

（3）设置线宽。

在"图层特性管理器"对话框中单击某一图层对应的"线宽"选项，打开"线宽"对话框，选择需要的线型，然后单击"确定"按钮，即可对该图层的线宽进行设置。也可以单击"格式"→"线宽"命令，打开"线宽设置"对话框，通过调整线宽比例来调节图形中线宽的显示效果。通常设置粗线为 0.5 mm，细线为 0.25 mm。

（4）设置线型。

线型是指图形基本元素中线条的组成和显示方式，如虚线和实线等。在 AutoCAD 2020 中既有简单线型，也有由一些特殊符号组成的复杂线型，以满足不同国家和行业标准的使用要求。

在"图层特性管理器"对话框中单击某一图层对应的"线型"选项，打开"线型"对话框。系统默认只提供 Continuous 一种线型，如果需要其他线型，则可以单击该对话框中的"加载"按钮，打开"加载或重载线型"对话框。在该对话框中选择需要的线型后单击"确定"按钮，返回"选择线型"对话框，则可以看到所选线型已经加载到"选择线型"对话框中，将需要的线型选中后单击"确定"按钮，即可完成线型的设置。

3）设置图层状态

图层状态用于通过列表显示图层的当前状态。图层状态包括图层的打开和关闭、冻结和解冻、锁定和解锁、打印样式和打印等。如果用户建立了大量的图层，而且图层很复杂，那么就要灵活地控制图层。

（1）打开和关闭：图层打开时，可显示和编辑图层上的内容；图层关闭时，图层上的内容全部隐藏，且不可被编辑或打印。

（2）冻结和解冻：冻结图层时，图层上的内容全部隐藏，且不可被编辑或打印，从而减少复杂图层的重新生成时间，当前层可以被关闭或锁定，但不能被冻结。

（3）锁定和解锁：锁定图层时，图层上的内容仍然可见，并且能够捕捉或添加新对象，但不能被编辑。默认情况下，图层是处于解锁状态的。

（4）打印样式和打印：在"图层特性管理器"对话框中，用户可以在"打印样式"列中选定各图层的打印样式，但如果使用的是彩色绘图仪，则不能改变这些打印样式。单击"打印"列中对应的打印图标，可以设置图层能否被打印，这样就可以在保持图形显示可见性不变的前提下控制图形的打印特性。打印功能只对可见的图层起作用，即只对没有被冻结和没有被关闭的图层起作用。

4）管理图层

使用"图层特性管理器"对话框，可以对图层进行更多的设置与管理，如图层的切换、删除、重命名、过滤等。此外，如图 1-25 所示的"图层"工具栏中的主要选项与"图层特性管理器"对话框上的内容相对应，因此也可以用来设置与管理图层特性。

图 1-25 "图层"工具栏

（1）切换当前层。

在"图层特性管理器"对话框中的图层列表中选择某一图层后，单击"置为当前"按钮 ✔，即可将该图层设置为当前层。

　　在实际绘图时，主要是通过"图层"工具栏上的"图层控制"下拉列表来实现图层切换的，这时只需选择要将其设置为当前层的图层名称即可，如图 1-26 所示。

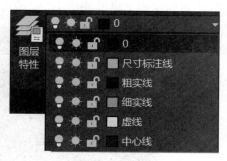

图 1-26　"图层"工具栏中的"图层控制"下拉列表

　　（2）删除图层。

　　选中要删除的图层后，单击"图层特性管理器"对话框中的"删除图层"按钮，或按<Delete>键，可删除该图层。但是，当前层、0 层、Defpoints 层（对图形标注尺寸时，系统自动生成的图层）、参照层和包含图形对象的图层不能被删除。

　　（3）重命名图层。

　　若要重命名图层，则可选中该图层，然后在"图层特性管理器"对话框中双击该图层的名称，使其变为待修改状态时再重新输入新名称。

　　（4）过滤图层。

　　① 使用"新建特性过滤器"过滤图层。

　　当图形中包含大量图层时，在"图层特性管理器"对话框中单击"新建特性过滤器"按钮，打开如图 1-27 所示的"图层过滤器特性"对话框，通过"过滤器定义"来过滤图层。

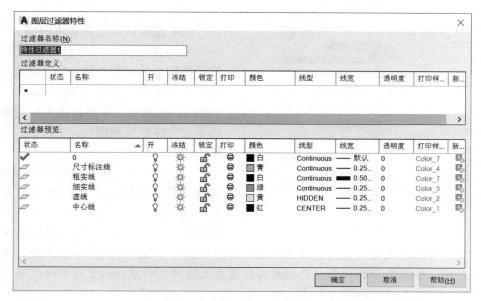

图 1-27　"图层过滤器特性"对话框

　　② 使用"新建组过滤器"过滤图层。

　　在"图层特性管理器"对话框中单击"新建组过滤器"按钮，则可在下面的"过滤器"树列表中添加一个"组过滤器 1"（也可以根据需要命名组过滤器）。在"过滤器"树列表中单击"所有使用的图层"或其他过滤器，可显示对应的图层信息，然后将需要分组过滤的图层拖动到创建的"组过滤器 1"上即可，如图 1-28 所示。

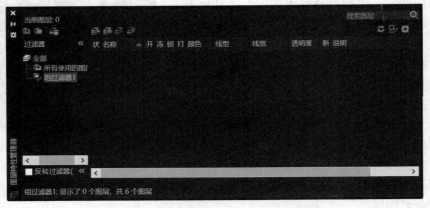

图 1-28 使用"新建组过滤器"过滤图层

图 1-29 "图层工具"子菜单

（5）改变对象所在图层。

在实际绘图中，如果绘制完某一图形元素后，发现该元素并没有绘制在预先设置的图层上，则可选中该图形元素，并在"图层"工具栏上的"图层控制"下拉列表中选择预设图层名，然后按<Esc>键即可改变对象所在图层。

（6）使用图层工具管理图层。

利用图层工具，用户可以更加方便地管理图层。单击菜单栏中的"格式"→"图层工具"命令，打开"图层工具"子菜单，如图 1-29 所示，利用该菜单中的命令，可以更加方便地管理图层。

● 小提示

（1）如果将所有的捕捉模式都选择，那么在实际操作过程中有些会因相互干扰引起捕捉不到，或引起误捕捉，反而会影响作图精度与效率。另外，此处描述的多数对象捕捉只影响屏幕上可见的对象，包括锁定图层上的对象、布局视口边界和多线段。不能捕捉不可见的对象，如未显示的对象、关闭或冻结图层上的对象或虚线的空白部分。而且，仅当提示输入点时，对象捕捉功能才生效。

（2）当某些图层需要频繁地切换它的可见性时，选择关闭该图层而不冻结；对于长时间不必显示的图层，可将其冻结而非关闭。

3. 特性匹配

AutoCAD 2000 提供了特性匹配命令"MATCHPROP"和"PAINTER"，可以方便地把一个图形对象的图层、线型、线型比例、线宽和厚度等特性赋予另一个图形对象，而不需再逐项设定，这样能大大提高绘图速度，节省时间。执行"特性匹配"命令的方式如下。

（1）菜单栏：单击"修改"→"特性匹配"命令。

（2）工具栏：单击"标准"工具栏中的"特性匹配"按钮 。

（3）键盘输入：输入"MATCHPROP"，按<Enter>键；输入"PAINTER"，按<Enter>键；输入"MA"，按<Enter>键。

执行该命令后，首先选择源对象，然后系统提示"选择目标对象或"设置（S）"："，如果选择目标对象，则目标对象的部分或者全部属性和源对象相同。如果选择"设置（S）"选项，则将弹出图 1-30 所示的"特性设置"对话框，从中可设置匹配源对象的特性。

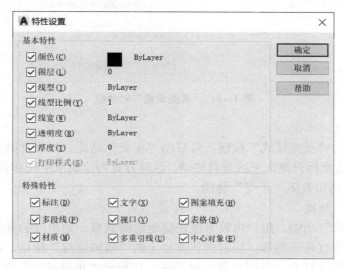

图 1-30　"特性设置"对话框

4. 辅助功能

在 AutoCAD 2020 中，用户不仅可以通过输入点的坐标绘制图形，而且还可以使用系统提供的"捕捉""栅格""正交""极轴追踪""对象捕捉""对象捕捉追踪""动态输入"和"线宽"的功能，快速、精准地绘制图形。

1）"捕捉"和"栅格"功能

当单击状态栏上的"捕捉模式"按钮时，屏幕上的光标呈跳跃式移动，并总是被"吸附"在屏幕的某些固定点上。如果此时"栅格"功能也启动了，则光标会在屏幕的栅格点上。

"捕捉"和"栅格"功能一般同时使用，可绘制比较规整的图形，如楼梯、棋盘等。捕捉间距与栅格间距可以设置不同的值。设置捕捉间距和栅格间距的方法如下。

① 状态栏：在"捕捉模式"或"栅格显示"按钮上右击，选择"设置"选项。

② 下拉菜单：单击"工具"→"草图设置"命令。

执行上述操作后，系统会弹出如图 1-31 所示的"草图设置"对话框。可以设置不同的捕捉间距和栅格间距。建议初学者关闭"捕捉"功能。

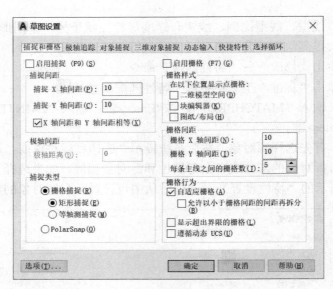

图 1-31 "草图设置"对话框

2)"正交"功能

单击状态栏上的"正交模式"按钮,可启动"正交"功能,如果此时为执行"直线"命令状态,则屏幕上的光标只能水平或垂直移动。这种方式为绘制水平线和垂直线提供了方便。按<F8>键可快速启动和关闭"正交"功能。

3)"极轴追踪"功能

使用"极轴追踪"功能,用户可以方便快捷地绘制具有一定角度的直线。例如,如果要绘制一个有 30°角的直角三角形,则右击状态栏上的"极轴追踪"按钮,选择其快捷菜单中的"设置"选项,可以打开"草图设置"对话框,切换至"极轴追踪"选项卡,如图 1-32 所示。在"增量角"下拉列表中选择"30"或输入需要的值,然后单击"确定"按钮。

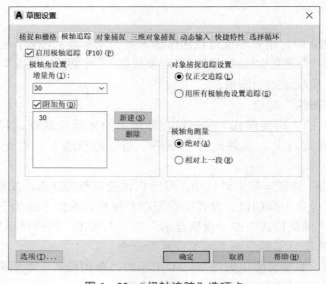

图 1-32 "极轴追踪"选项卡

"极轴追踪"选项卡各选项功能如下。

（1）"启用极轴追踪"复选框：打开或关闭极轴追踪功能。通过按<F10>键来打开或关闭极轴追踪功能更方便、更快捷。

（2）"增量角"下拉列表：用于选择极轴夹角的递增值，当极轴夹角为该值倍数时，都将显示辅助线。

（3）"附加角"复选框：当"增量角"下拉列表中的角度不能满足需要时，先勾选该复选框，然后通过"新建"命令增加特殊的极轴夹角。

启动了"极轴追踪"功能后，在绘制直线时，当鼠标在30°位置附近或其整数倍位置附近时，会出现图1-33所示的30°极轴角度值提示和沿线段方向上的蚂蚁线。

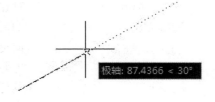

图 1-33　使用极轴绘制图形

4）"对象捕捉"功能

在绘制和编辑图形时使用"对象捕捉"功能，可捕捉对象上的特殊点，如端点、中点等。

"对象捕捉"功能有两种使用方式，一种是"自动对象捕捉"方式，只要勾选了图1-34所示的"对象捕捉模式"选项组中相应的点选项，并且启动了"对象捕捉"功能，相应的对象捕捉点就会起作用；另一种是"单点捕捉"方式，使用一次后不再起作用。"单点捕捉"方式是使用"对象捕捉"工具栏上的特征点按钮或使用"对象捕捉"快捷菜单中的选项进行捕捉。

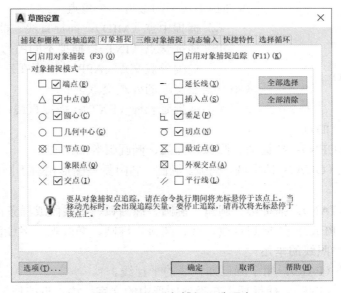

图 1-34　"对象捕捉"选项卡

（1）"对象捕捉"工具栏。

"对象捕捉"工具栏如图1-35所示。在绘图过程中，当要求用户指定点时，单击该工具栏中相应的特征点捕捉按钮，再将光标移到要捕捉对象的特征点附近，即可捕捉到所需的点。

图 1-35 "对象捕捉"工具栏

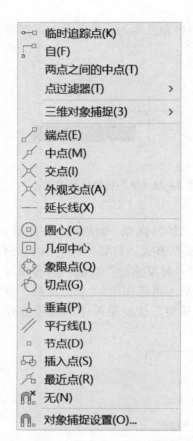

图 1-36 "对象捕捉"快捷菜单

（2）"对象捕捉"快捷菜单。

当要求用户指定点时，按下<Shift>键或者<Ctrl>键，同时在绘图区任一点右击，则可打开"对象捕捉"快捷菜单，如图 1-36 所示。利用该快捷菜单用户可以选择相应的对象捕捉模式。在"对象捕捉"快捷菜单中，除了"点过滤器""两点之间的中点"选项外，其余各项都与"对象捕捉"工具栏中的模式相对应。"点过滤器"选项用于捕捉满足指定坐标条件的点。"两点之间的中点"选项用于捕捉选定的两点间的中点。

（3）"对象捕捉"关键字。

不管当前对象捕捉模式如何，当命令行提示要求用户指定点时，输入对象捕捉关键字，如 END、MID、QUA 等，可直接给定对象捕捉模式。该模式常用于临时捕捉某一特征点，操作一次后即退出指定对象捕捉模式。

AutoCAD 2020 提供了多种对象捕捉模式，简述如下。

① 捕捉端点（END）：捕捉直线、曲线等对象的端点或捕捉多边形的最近一个角点。

② 捕捉中点（MID）：捕捉直线、曲线等线段的中点。

③ 捕捉交点（INT）：捕捉不同图形对象的交点。

④ 捕捉外观交点（APP）：捕捉在三维空间中图形对象（不一定相交）的外观交点。

⑤ 捕捉延长线（EXT）：捕捉直线、圆弧、椭圆弧、多线段等图形延长线上的点。

⑥ 捕捉圆心（CEN）：捕捉圆、圆弧、椭圆、椭圆弧等的圆心。

⑦ 捕捉象限点（QUA）：捕捉圆、圆弧、椭圆、椭圆弧等图形相对于圆心 0°、90°、180°、270°处的点。

⑧ 捕捉切点（TAN）：捕捉圆、圆弧、椭圆、椭圆弧、多线段或样条曲线等的切点。

⑨ 捕捉垂足（PER）：捕捉到直线、圆、圆弧、椭圆、椭圆弧、多线段、样条曲线、射线、面域、实体或参照线的垂足。

⑩ 捕捉平行线（PAR）：用于画已知直线的平行线。

⑪ 捕捉插入点（INS）：捕捉插入在当前图形中的文字、块、形或属性的插入点。

⑫ 捕捉节点（NOD）：捕捉用"点"（POINT）命令绘制的点。

⑬ 捕捉最近点（NEA）：捕捉图形上离光标位置最近的点。

⑭ 捕捉自（FRO）："捕捉自"模式是以一个临时参考点为基点，根据给定的距离值捕捉到所需的特征点。

⑮ 捕捉临时追踪点（TT）："临时追踪点"模式是指先用鼠标在任意位置做一标记，再

以此为参考点捕捉所需特征点。

⑯ 无捕捉（NON）：关闭捕捉模式。

5）"对象捕捉追踪"功能

"对象捕捉追踪"功能是利用已有图形对象上的捕捉点来捕捉其他特征点的一种快捷作图方法。"对象捕捉追踪"功能常用于事先不知具体的追踪方向，但在已知图形对象间的某种关系（如正交）的情况下使用，常与"极轴追踪"或"对象捕捉"功能一起使用。

6）"动态输入"功能

当单击状态栏上的"动态输入"按钮，在绘制图形时会给出长度和角度的提示，如图1-33所示。提示外观可在"草图设置"对话框的"动态输入"选项卡中设置，如图1-37所示。

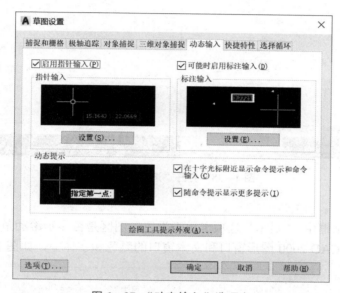

图 1-37 "动态输入"选项卡

7）"线宽"功能

绘图时如果线条有不同的宽度，单击"显示/隐藏线宽"按钮，则可以在屏幕上显示不同线宽的对象。

5. "模型"选项卡和"布局"选项卡

绘图窗口的底部都有"模型""布局1""布局2"3个选项卡，用来控制绘图工作是在模型空间还是图纸空间进行。默认状态是在模型空间进行，而且一般绘图工作都是在模型空间进行。单击"布局1"或"布局2"选项卡可进入图纸空间，图纸空间主要完成打印、输出图形的最终布局。如果进入了图纸空间，则单击"模型"选项卡即可返回模型空间。

6. 修改系统配置的选项

用户在绘图时，可能对当前绘图环境不是十分满意，此时可单击菜单栏中的"工具"→"选项"命令，如图1-38所示，即可打开"选项"对话框。在该对话框中用户可以对系统配置、操作界面和绘图环境等进行设置。"选项"对话框涉及的设置内容较多，此处只对基本设置进行说明。

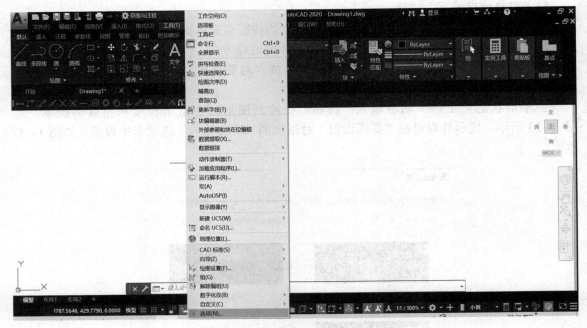

图 1-38 打开"选项"对话框

1）显示设置

在"选项"对话框中，"显示"选项卡用于设置绘图区是否显示滚动条、工具提示、文件选项卡，以及 AutoCAD 2000 图形窗口和文本窗口的颜色和字体等，如图 1-39 所示。

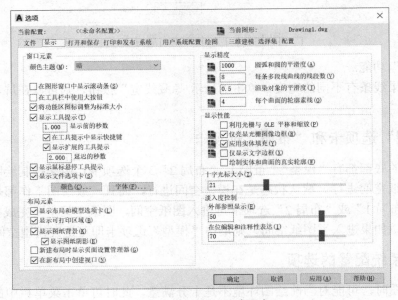

图 1-39 "显示"选项卡

例如，要改变二维模型空间的背景颜色，在"窗口元素"选项组中单击"颜色"按钮，即可打开"图形窗口颜色"对话框。在"上下文"列表框中选择"二维模型空间"选项，在"界面元素"列表框中选择"统一背景"选项，再单击"颜色"下拉按钮，弹出其下拉列表，从中选取需要的颜色，之后单击"应用并关闭"按钮即可，如图1-40所示。

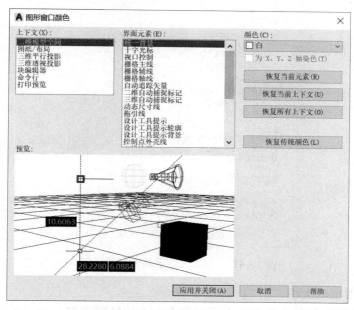

图 1-40　"图形窗口颜色"对话框

2）用户系统配置

切换至"选项"对话框中的"用户系统配置"选项卡，用户可以按自己喜欢的方式设置绘图环境，如图1-41所示。

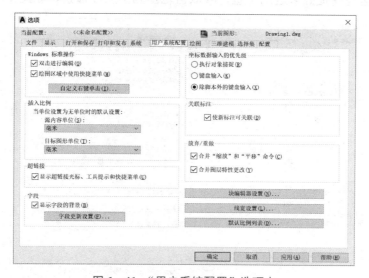

图 1-41　"用户系统配置"选项卡

"自定义右键单击"按钮：若勾选"绘图区域中使用快捷菜单"复选框，则"自定义右键单击"按钮被激活，单击该按钮后，可以设置在各种状态下鼠标右键的功能，如图 1-42 所示。这里推荐按图 1-42 修改，从而在未选择对象的待命状态时，右击，将输入上一次执行的命令，有助于提高命令的输入速度，从而提高绘图效率。

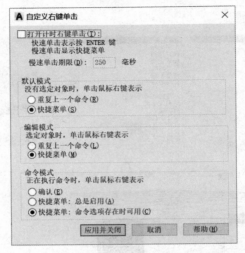

图 1-42 "自定义右键单击"对话框

3）靶框和拾取框的大小

如果默认设置的靶框和拾取框大小不太符合个人的绘图习惯，则可以在"选项"对话框的"绘图"选项卡中根据自己需要进行适当的修改。

靶框大小：该选项可设置靶框的显示尺寸，这时如果勾选"显示自动捕捉靶框"复选框，则捕捉到对象时靶框将显示在十字光标的中心。靶框的大小将确定磁吸将靶框锁定到捕捉点之前，光标应到达与捕捉点多近的位置，其取值范围为 1～50 像素，如图 1-43 所示。

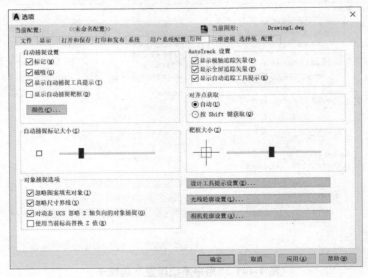

图 1-43 靶框大小的设置

拾取框大小：一般将滑块拖到中间为宜，如图 1－44 所示。

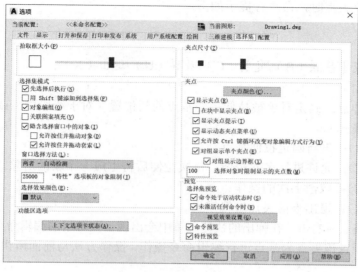

图 1－44 拾取框大小的设置

7. 夹点的编辑

夹点既是对象上的控制点，也是特征点。选择对象时，在对象上将显示出若干个小方框，这些小方框用来标记被选中对象的夹点。使用夹点模式编辑，是编辑中常用的方法。

默认情况下，夹点始终是打开的。用户可以通过单击菜单栏中的"工具"→"选项"命令，打开"选项"对话框，在"选择集"选项卡的"夹点"选项组中勾选"显示夹点"复选框。在该选项卡中可设置夹点的显示与否，还可以设置代表夹点的小方格的尺寸和颜色，如图 1－45 所示。对不同的对象来说，用来控制其特征的夹点的位置和数量是不相同的。

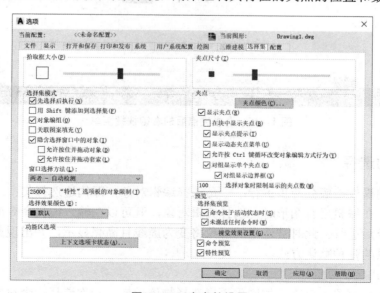

图 1－45 夹点的设置

选中了对象的夹点，就可以利用夹点对对象进行拉伸、移动、旋转、比例缩放、镜像等编辑。当选中一个夹点时，命令行提示如下：

命令：

拉伸

指定拉伸点或［基点（B）/复制（C）/放弃（U）/退出（X）］：

各选项含义如下。

（1）指定拉伸点：确定对象被拉伸后的基点的新位置（对于线段中点或圆弧中心，相当于进入"移动"模式）。

（2）基点（B）：重新确定拉伸基点。

（3）复制（C）：允许进行多次拉伸，每次拉伸后将生成一个新的对象。

（4）放弃（U）：取消上次的操作。

（5）退出（X）：退出当前夹点编辑模式。

当选中一个夹点后右击，在弹出的快捷菜单中会出现一些常用的编辑命令选项，选择执行任一命令，相当于以该夹点为基点进行编辑命令操作，操作方法与前面所讲相同，如图 1-46 所示。

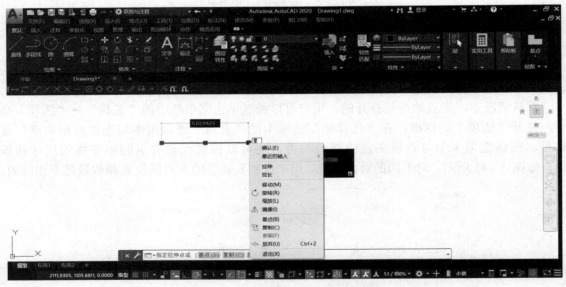

图 1-46　选中夹点后的右键快捷菜单

8. 对象的选择

编辑命令的操作一般分两步进行：一是选择编辑对象，即构造选择集；二是对选择对象进行编辑操作。在编辑已有图形时，选择编辑对象，既可以在输入编辑命令前进行，也可以在输入编辑命令后进行。此时被选中的对象将变为虚线且高亮显示，并出现蓝色的夹点。下面介绍选择对象的几种默认方式。

1）点取方式

直接在被选择对象上单击，如同用手指选择物体一样，一次选择一个对象，直到要选择的对象全部变为虚线且高亮显示为止。如果在点选时，不小心选择了不该选择的对象，则可以按住<Shift>键并再次点取该对象，即可将其从当前选择集中删除。

2）矩形窗口选择

W 窗口：在空白处单击，自左向右，就可以用鼠标指定矩形的两个对角点，进而确定一个矩形窗口，所有包含在这个矩形窗口内的对象将被同时选择。

C 窗交：在空白处单击，自右向左，就可以用鼠标确定一个矩形窗口，所有包含在这个矩形窗口内以及与窗口接触的对象将被同时选择。

3）不规则窗口选择

当在特别复杂的图形中选择对象时，可以采用不规则窗口来选择对象。

WP 圈围：在空白处单击，在命令行"选择对象："的提示下输入"WP"，就可以用鼠标单击若干点，确定一个不规则的多边形窗口，所有包含在这个窗口内的对象将被同时选中。

CP 圈交：在空白处单击，在命令行"选择对象："的提示下输入"CP"，就可以用鼠标单击若干点，确定一个不规则的多边形窗口，所有与这个窗口相交的对象将被同时选中。

4）栅栏选择

在空白处单击，在命令行"选择对象："提示下输入"F"（栏选），就可以用鼠标像画线一样画出几段折线，所有与折线相交的对象将被同时选中。

9. 图形对象的删除

删除图形对象的方法有很多，常用的有以下 5 种。

（1）命令行：输入"erase"或"e"，选中要删除的对象，按<Enter>键或<空格>键。

（2）菜单栏：单击"编辑"→"清除"命令，然后选择要删除的对象，按<Enter>键或<空格>键。或先选中要删除的对象，再单击"编辑"→"清除"命令。

（3）修改工具栏：单击�按钮，再选择要删除的对象，按<Enter>键或<空格>键。或先选中要删除的对象，再单击▒按钮。

（4）选中要删除的对象，右击，选择其中的"删除"命令。

（5）选中要删除的对象，按<Delete>键。

实际使用中，可根据个人习惯选择删除方法，但总的原则是方便、快捷。

如果误删对象，想要恢复有很多方法，可以使用"UNDO"命令，"UNDO"命令适合所有操作；也可以在命令行输入"OOPS"，按<Enter>键，但利用"OOPS"命令只能恢复最后一次删除的对象。

10. 计算机绘图的一般流程

（1）首先设置图形界限和图层，再进行图形绘制与编辑。

（2）绘图通常在模型空间中进行，并采用 1:1 的比例绘制图形，然后在图纸（布局）空间中调整图形比例，并打印输出。

（3）分析图线性质，先绘制已知线段，再绘制中间线段，最后绘制连接线段。

（4）充分和灵活运用对象捕捉、极轴和对象追踪等工具，提高绘图效率。

（5）如果不需要在模型空间中绘制图框，则可以在图纸空间中，建立来自样板文件的新布局或自行创建布局来建立图纸。

（6）对于一个项目，将通过的设置（如图层、文字样式、尺寸样式、布局等）保存为样板文件，当新建图形文件时，可以直接利用样板文件生成初始绘图环境，也可以通过"CAD标准"来统一。

拓展训练

1. 按尺寸绘制以下所示图形并存盘，不必标注尺寸，文件名为"姓名–项目 1–2 拓展训练"。

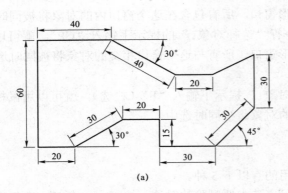

(a)

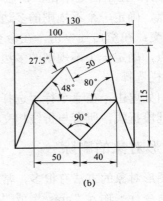

(b)

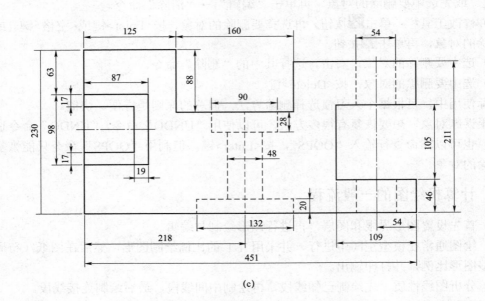

(c)

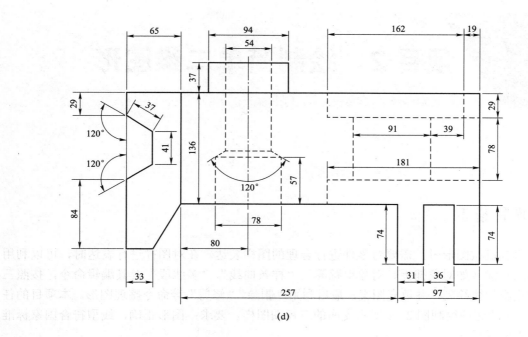

(d)

2. 按本项目任务要求，完成图形绘制。

项目 2　绘制简单二维图形

项目描述

　　在绘制机械图形时，需要对零件进行合理的图样表达。在对图样进行表达时，可以利用绘图辅助功能（如对象捕捉、对象追踪等）、"样条曲线"、"多线段"及其编辑命令，按照三视图的投影规律绘制，并填充图案，最后利用"删除""修剪"等命令整理图形。本项目的任务是用 1:1 的比例绘制图 2-1 所示支座的三视图图样。要求：图形正确，线型符合国家标准规定，不标注尺寸。

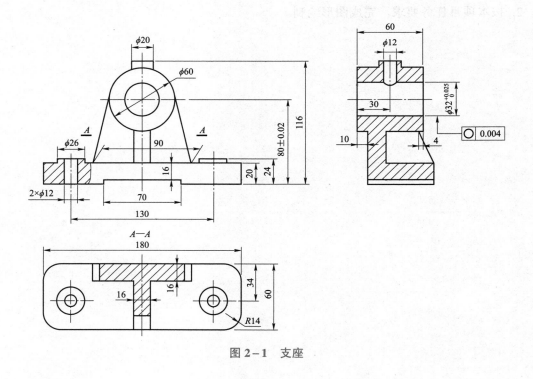

图 2-1　支座

任务 1 　绘制吊钩

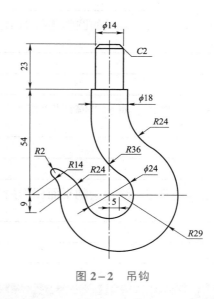

图 2-2 　吊钩

任务描述

　　绘制平面图形时，首先应该对图形进行线段分析和尺寸分析，根据定形尺寸和定位尺寸判断出已知线段、中间线段和连接线段，按照先已知线段、再中间线段、后连接线段的绘图顺序完成图形的绘制。

　　本次任务我们主要是使用 AutoCAD 2020 来完成图 2-2 所示吊钩的绘制，在使用过程中完成"直线""圆""圆弧""偏移""修剪""倒角"等命令的基本操作，以及完成含有连接圆弧的平面图形的绘制。

任务目标

（1）熟练进行线段分析和尺寸分析。
（2）掌握"圆""圆弧"命令的操作方法。
（3）掌握"偏移""修剪""倒角"命令的使用方法。
（4）能灵活应用对象追踪工具。
（5）掌握绘制平面图形的一般步骤和方法。

任务分组

班级		组号		指导老师	
组长		学号			
组员					

任务准备

引导问题 1：根据已知平面图形，如何进行线段分析和尺寸分析？

_____

_____

_____

引导问题 2：演示"圆""圆弧"命令的常用操作方法。

_____

_____

引导问题 3：常见的圆弧连接的形式及方法有哪些？

_____

_____

引导问题 4：演示"偏移""修剪""倒角"命令的使用方法。

_____

_____

引导问题 5：简述绘制平面图形的一般步骤和方法。

_____

_____

任务实施

1. 新建图纸

新建一张图纸，按照该图形的尺寸，图纸大小应设置成 A4，竖放，因此图形界限设置为 210×297。

2. 显示图形界限

单击"全部缩放"按钮，选择"图形缩放"命令中的"全部"选项，图形栅格的界限将填充当前视口。或者在命令窗口输入"Z"，按<Enter>键，再输入"A"，按<Enter>键。

3. 设置对象捕捉

在状态栏的"对象捕捉"按钮上右击，在弹出的快捷菜单中选择"设置"命令，系统弹出"草图设置"对话框，选择"交点""切点""圆心"和"点"选项，并启动"对象捕捉"功能，单击"确定"按钮。

4. 设置图层

按图形要求，打开"图层特性管理器"对话框，设置图层名、颜色、线型和线宽，如表 2-1 所示。

表 2 – 1　设置图层

图层名	颜色	线型	线宽/mm
粗实线	黑色	Continuous	0.5
细实线	绿色	Continuous	0.25
中心线	红色	CENTER	0.25

5. 绘制中心线

1）选择图层

通过"图层"工具栏，将"中心线"层设置为当前层。单击"图层"工具栏"图层控制"后的下拉按钮，打开"图层控制"列表，在"中心线"层上单击，则"中心线"层为当前层。

2）绘制垂直中心线 *AB* 和水平中心线 *CD*

启动"正交"功能，调用"直线"命令，在屏幕中上部单击，确定点 *A*，绘制出垂直中心线 *AB*。在合适的位置绘制出水平中心线 *CD*，如图 2 – 3 所示。

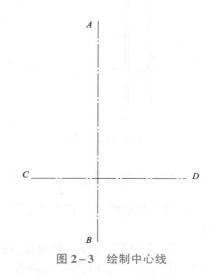

图 2 – 3　绘制中心线

6. 绘制吊钩柄部直线

吊钩钩柄的上部直径为 14，下部直径为 18，可以用中心线向左、右偏移的方法获得轮廓线，两条钩柄的水平端面线也可用偏移水平中心线的方法获得。

（1）在"修改"工具栏中单击"偏移"按钮，调用"偏移"命令将直线 *AB* 向左、右分别偏移 7 个单位和 9 个单位，获得直线 *JK*、*MN* 及 *QR*、*OP*；将直线 *CD* 向上偏移 54 个单位获得直线 *EF*，再将刚偏移所得的直线 *EF* 向上偏移 23 个单位，获得直线 *GH*。

（2）在偏移的过程中，我们会注意到，偏移所得到的直线均为点画线，因为偏移实质是一种特殊的复制，不但会复制出元素的几何特征，而且会复制出元素的特性。所以要将复制出的图线改变到"轮廓线"层上。

选择刚刚偏移所得到的直线 *JK*、*MN*、*QR*、*OP*、*EF*、*GH*，然后打开"图层"工具栏中的"图层控制"列表，在"轮廓线"层上单击，再按<Esc>键，完成图层的转换，结果如图 2 – 4 所示。也可通过"特性"选项板完成图层的转换。

7. 修剪图线至正确长度

（1）在"修改"工具栏中单击"倒角"按钮，调用"倒角"命令，设置当前倒角距离 1 和 2 的值均为 2 个单位，采用"修剪"模式将直线 *GH* 与 *JK*、*MN* 倒 45°角。再设置当前倒角距离 1 和 2 的值均为 0，采用"修剪"模式将直线 *EF* 与 *QR*、*OP* 倒直角，完成的图形如图 2 – 5 所示（注意"倒角"命令设置）。

（2）在"修改"工具栏中单击"修剪"按钮，调用"修剪"命令，以 *EF* 为剪切边界，修剪掉直线 *JK* 和 *MN* 的下部。完成的图形如图 2-6 所示。

（3）调整线段的长短。可用夹点编辑方法调整线段的长短，完成图形如图 2-6 所示。

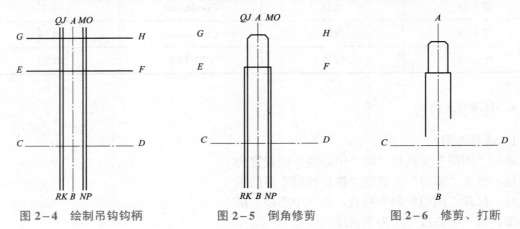

图 2-4　绘制吊钩钩柄　　　　图 2-5　倒角修剪　　　　图 2-6　修剪、打断

8. 绘制已知线段

（1）将"轮廓线"层作为当前层，调用"直线"命令，启动"对象捕捉"功能，绘制直线 *ST*。

（2）调用"圆"命令，以直线 *AB*、*CD* 的交点 O_1 为圆心，绘制 $\phi 24$ 的已知圆。

（3）确定半径为 29 的圆的圆心。调用"偏移"命令，将直线 *AB* 向右偏移 5 个单位，再将偏移后的直线调整到合适的长度，该直线与直线 *CD* 的交点为 O_2。

（4）调用"圆"命令，以交点 O_2 为圆心，绘制半径为 29 的圆，完成的图形如图 2-7 所示。

9. 绘制连接弧 *R*24 和 *R*36

在"修改"工具栏中单击"圆角"按钮，调用"圆角"命令，给定圆角半径为 24，在直线 *OP* 上单击，作为第一个对象，在半径为 29 的圆的右上部单击，作为第二个对象，完成 *R*24 圆弧连接。同理以 36 为半径，完成直线 *QR* 和直径为 24 的圆的圆弧连接，结果如图 2-8 所示。

10. 绘制钩尖处半径为 24 的圆弧

因为 *R*24 圆弧的圆心纵坐标轨迹已知（距直线 *CD* 向下为 9 个单位的直线上），另一坐标未知，所以该圆弧属于中间圆弧。又因该圆弧与直径为 24 的圆相外切，故可以用外切原理求出圆心坐标轨迹。两圆心坐标轨迹的交点即圆心点。

1）确定圆心

调用"偏移"命令，将直线 *CD* 向下偏移 9 个单位，得到直线 *XY*。再调用"偏移"命令，将直径为 24 的圆向外偏移 24 个单位，得到与 $\phi 24$ 相外切的圆的圆心坐标轨迹。该圆与直线 *XY* 的交点 O_3 为连接弧圆心。

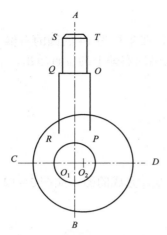

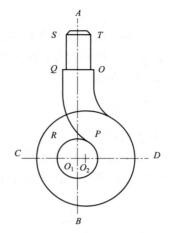

图 2-7　绘制已知圆　　　　　　图 2-8　绘制连接弧

2）绘制连接弧

调用"圆"命令，以 O_3 为圆心，绘制半径为 24 的圆，结果如图 2-9 所示。

11. 绘制钩尖处半径为 14 的圆弧

因为 $R14$ 圆弧的圆心在直线 CD 上，另一坐标未知，所以该圆弧属于中间圆弧。又因该圆弧与半径为 29 的圆弧相外切，故可以用外切原理求出圆心坐标轨迹。同前面一样，两圆心坐标轨迹的交点即圆心点。

（1）调用"偏移"命令，将半径为 29 的圆向外偏移 14 个单位，得到与 $R29$ 相外切的圆的圆心坐标轨迹。该圆与直线 CD 的交点 O_4 为连接弧圆心。

（2）调用"圆"命令，以 O_4 为圆心，绘制半径为 14 的圆，结果如图 2-10 所示。

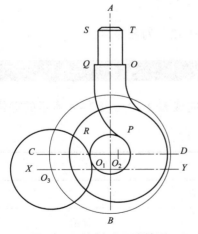

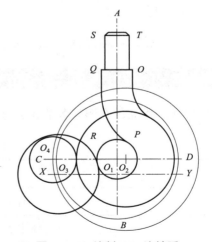

图 2-9　绘制 $R24$ 连接弧　　　　图 2-10　绘制 $R14$ 连接弧

12. 绘制钩尖处半径为 2 的圆弧

$R2$ 圆弧与 $R14$ 圆弧相外切，同时又与 $R24$ 的圆弧相内切，因此可以用"圆角"命令绘制。

调用"圆角"命令，给出圆角半径为 2 个单位，在半径为 14 的圆的右偏上的位置单击，作为绘制中心线的第一个圆角对象，在半径为 24 的圆的右偏上的位置单击，作为第二个圆角对象，结果如图 2–11 所示。

13. 编辑修剪图形

（1）删除两个辅助圆。

（2）修剪各圆和圆弧至合适的长度。

（3）用夹点编辑或打断的方法调整中心线的长度，完成的图形如图 2–12 所示。

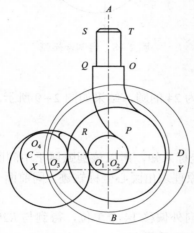

图 2–11　绘制 *R*2 连接弧

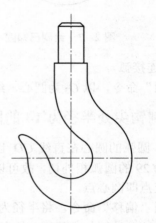

图 2–12　完成图

14. 保存图形

单击"保存"按钮，选择合适的位置，以"图 2–2"为名保存。

任务评价

各组代表展示作品，介绍任务的完成过程，并完成表 2–2～表 2–4 所示的评价表。

表 2–2　学生自评表

班级：		姓名：	学号：	
任务：绘制吊钩				
评价项目	评价标准		分值	得分
学习态度	学习态度端正，热爱学习、提前预习		20	
学习习惯	勤奋好学、工作习惯良好		20	
上课纪律	课堂积极，无迟到、早退、旷课现象		20	

续表

评价项目	评价标准	分值	得分
实践练习	思路清晰，绘图操作步骤正确、绘制的图形正确	20	
职业素养	安全生产、保护环境、爱护设施	20	
合计			

表 2-3　小组互评表

任务：绘制吊钩					
评价项目	分值	等级			评价对象__组
计划合理	10	优 10	良 8	中 6	差 4
方案准确	10	优 10	良 8	中 6	差 4
团队合作	10	优 10	良 8	中 6	差 4
组织有序	10	优 10	良 8	中 6	差 4
工作质量	10	优 10	良 8	中 6	差 4
工作效率	10	优 10	良 8	中 6	差 4
工作完整	10	优 10	良 8	中 6	差 4
工作规范	10	优 10	良 8	中 6	差 4
成果展示	20	优 20	良 16	中 12	差 8
合计					

表 2-4　教师评价表

班级：	姓名：	学号：	
任务：绘制吊钩			
评价项目	评价标准	分值	得分
考勤	无迟到、旷课、早退现象	10	
完成时间	60 分钟满分，每多 10 分钟减 1 分	10	
理论填写	正确率 100% 为 20 分	20	
绘图规范	操作规范、绘制图形美观正确	10	
技能训练	绘制正确满分为 20 分	20	

评价项目	评价标准	分值	得分
协调能力	与小组成员之间合作交流	10	
职业素养	安全工作、保护环境、爱护设施	10	
成果展示	能准确汇报工作成果	10	
	合计		
综合评价	自评（20%）	小组互评（30%）	教师评价（50%）	综合得分

任务总结

（1）通过完成上述任务，你学到了哪些知识和技能？

_____

_____

（2）在绘图过程中，有哪些需要注意的事项？

_____

_____

_____

知识学习

1. 圆

利用"CIRCLE"命令，可以画圆。AutoCAD 2020 提供了多种画圆的方法，其中包括以圆心、半（直）径画圆，以两点方式画圆，以三点方式画圆，以切点、切点、半径画圆，以切点、切点、切点画圆等。

1）执行命令的方法

"绘图"工具栏：单击"圆"按钮 。

命令行：输入"CIRCLE"，按<Enter>键。

菜单栏：单击"绘图"→"圆"命令。

2）操作步骤

单击"绘图"→"圆"命令，命令行提示如下：

命令：_circle

指定圆的圆心或［三点（3P）/两点（2P）/切点、切点、半径（T）］：

指定圆的半径或［直径（D）］：

3）有关说明及提示

① 圆心、半径（R）：给定圆的圆心及半径画圆。

② 圆心、直径（D）：给定圆的圆心及直径画圆。

③ 两点（2P）：给定圆的直径的两个端点画圆。

④ 三点（3P）：给定圆的任意三个端点画圆。

⑤ 切点、切点、半径（T）：给定与圆相切的两个对象和圆的半径画圆。

⑥ 切点、切点、切点（A）：给定与圆相切的三个对象画圆。

● 小提示

绘制圆时，当圆切于直线时，不一定和直线有明显的切点，可以是直线延长后的切点。

2. 绘制圆弧

用"ARC"命令可按给定方式画圆弧。在"绘图"工具栏中单击█按钮，命令行提示如下：

命令：_arc

指定圆弧的起点或 [圆心（C）]：

绘制圆弧的方式如下。

（1）"三点"方式：该方式是"ARC"命令默认的画圆弧的方式，也是最常用的一种画圆弧的方式。该方式根据三个点来确定圆弧，第一个点为圆弧起点，第二个点为圆弧上的任意点，第三个点为圆弧的终点。

（2）"起点–圆心–终点"方式：该方式从起点开始，沿逆时针方向向终点绘制圆弧。

（3）"起点–圆心–角度（圆心角）"方式：该方式从起点开始，沿逆时针或顺时针方向绘制一段圆弧，该段圆弧对应的圆心角由用户指定，当圆心角为正数时沿逆时针方向绘制，为负数时沿顺时针方向绘制。

（4）"起点–圆心–长度（弦长）"方式：基于起点和终点之间的直线距离绘制劣弧或优弧。用该方式画弧时，圆弧总是沿逆时针方向绘制。当弦长为正数时绘制劣弧，为负数时绘制优弧。

（5）"起点–终点–角度（圆心角）"方式：在该方式下，从起点到终点绘制一段圆弧。圆弧对应的圆心角由用户指定，当圆心角为正数时沿逆时针方向绘制，为负数时沿顺时针方向绘制。

（6）"起点–终点–方向"方式：在该方式下，在起点、终点之间绘制圆弧，要求用户指定起点处的切线方向。

（7）"起点–终点–半径"方式：该方式从起点到终点沿逆时针方向绘制一段圆弧。半径由用户指定，当半径为正数时绘制劣弧，为负数时绘制优弧。

（8）"圆心–起点–终点"方式：该方式同"起点–圆心–终点"方式类似，只是指定的第一个点是圆心而不是起点。

（9）"圆心–起点–角度（圆心角）"方式：该方式与"起点–圆心–角度（圆心角）"方式类似。

（10）"圆心–起点–长度（弦长）"方式：该方式与"起点–圆心–长度（弦长）"方式类似。

（11）"连续"方式：该方式以刚画完的直线或圆弧的终点作为起点绘制与该直线或圆弧相切的圆弧。

● 小提示

（1）圆弧均为圆的一部分，所以大多数情况下可以先作整圆，然后通过修剪得出所需的圆弧。

（2）绘制圆弧时，在命令行的"指定包含角："提示下所输入角度的正、负将影响圆弧的绘制方向，输入正值为沿逆时针方向绘制圆弧，输入负值为沿顺时针方向绘制圆弧。

3. 偏移

"偏移"（OFFSET）命令可以对指定的直线、圆弧、圆等对象作偏移复制。在实际应用中，常利用"偏移"命令的这些特性创建平行线或等距离分布图形。在"修改"工具栏中单击 按钮，命令行提示如下：

命令：_offset

当前设置：删除源＝否　图层＝源　OFFSETGAPTYPE＝0

指定偏移距离或［通过（T）/删除（E）/图层（L）］＜通过＞：

各选项含义如下。

（1）指定偏移距离：若选择此选项，则系统会提示选择要偏移的对象，然后要求指定将对象向哪一侧偏移，最后将对象向指定一侧偏移指定距离。系统会反复提示选择对象和偏移方向，以便对多个对象进行偏移，直到结束该命令。

（2）通过（T）：若选择此选项，则将生成通过某一点的偏移对象。选择此选项后，首先要求指定要偏移的对象，然后提示输入一个点，生成的新对象将通过该点。系统会不断重复这两个提示，以便偏移多个对象，直到结束该命令。

（3）删除（E）：此选项用来定义是否删除源对象，系统默认为"否"。

（4）图层（L）：此选项用来定义将新生成的对象置于哪个图层，系统默认为跟源对象相同的图层。

● 小提示

使用"偏移"命令复制对象时，对直线做偏移，是平行复制。对圆弧做偏移后，新圆弧与旧圆弧同圆心且具有同样的包含角，但新圆弧的长度要发生改变；对圆或椭圆做偏移后，新圆、新椭圆与旧圆、旧椭圆有同样的圆心，但新圆的半径或新椭圆的轴长要发生变化。

4. 倒角

"倒角"（CHAMFER）命令能连接两个非平行的对象，通过延伸或修剪使它们相交或利用斜线连接。在"修改"工具栏中单击 按钮，命令行提示如下：

命令：_chamfer

（"修剪"模式）当前倒角距离 1＝2.0000，距离 2＝2.0000

选择第一条直线或［放弃（U）/多段线（P）/距离（D）/角度（A）/修剪（T）/方式（E）/多个（M）］：

第二行提示了当前的修剪设置和倒角距离，第三行提示了用户输入的各选项。如果直接选择一条直线，则系统会提示用户选择第二条直线，然后使用前面所提示的剪切设置和倒角距离将两个线段倒角。

其余选项含义如下。

（1）放弃（U）：放弃倒角操作。

（2）多段线（P）：选择该选项后，提示用户选择多段线，然后在多段线的所有顶点处用倒角直线连接各段。

（3）距离（D）：选择该选项后，系统将提示用户输入第一和第二个倒角距离。倒角距离是每个对象与倒角线相接或与其他对象相交而进行修剪或延伸的长度，如图 2-13 所示。如果两个倒角距离都为 0，则倒角操作将修剪或延伸这两个对象直至它们相接，但不绘制倒角线。

（4）角度（A）：确定第一个倒角距离和角度。可先指定第一个选择对象的倒角线起始位置，然后指定倒角线与该对象所形成的角度来为该对象倒角，如图 2-13 所示。

（5）修剪（T）：确定倒角的修剪状态。系统变量 TRIMMODE 为 1 表示倒角后修剪对象，为 0 表示保持对象不被修剪。新的设置将影响下一次倒角。

（6）方式（E）：确定进行倒角的方式，要求选择"距离（D）"或"角度（A）"这两种方式之一。

（7）多个（M）：一次命令给多个对象倒角。

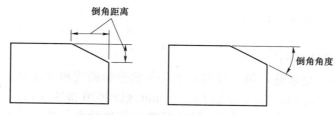

图 2-13　倒角距离和倒角角度

● 小提示

使用"倒角"命令只能对直线、多段线、矩形、多边形、参照线和射线进行倒角，不能对圆弧、椭圆弧进行倒角。后面设置使用图层之后，如果正在被倒角的两个对象都在同一图层，则倒角线将位于该图层；否则，倒角线将位于当前图层。此规则同样适用于倒角的颜色、线型和线宽。当两个倒角距离均为 0 时，将延伸两条直线使之相交，不产生倒角（可以利用此法将两直线闭合）。

5. 倒圆角

"圆角"（FILLET）命令能通过一个指定半径的圆弧来光滑地连接两个对象。在"修改"工具栏中单击■按钮，命令行提示如下：

命令：_fillet

当前设置：模式＝修剪，半径＝3.0000

选择第一个对象或［放弃（U）/多段线（P）/半径（R）/修剪（T）/多个（M）］：

第二行显示了剪切模式和倒圆圆弧的半径，第三行要求用户输入倒圆选项。若直接选择第一个对象，则会要求用户选择第二个倒圆对象，然后用当前的剪切模式和倒圆圆弧半径绘制圆角。

其余选项含义如下。

（1）放弃（U）：放弃倒圆角操作。

（2）多段线（P）：选择该选项后，提示用户选择 2D 多段线，然后在多段线的所有顶点处用倒圆圆弧连接各段。

（3）半径（R）：确定圆角半径。

（4）修剪（T）：确定圆角的修剪状态，系统变量 TRIMMODE 为 0 时保持对象不被修剪。新的设置将影响下一次的倒圆角操作。

（5）多个（M）：一次命令给多个对象倒圆角。

● 小提示

对于不平行的两个对象，当有一个对象长度小于圆角半径时，不能倒圆角。可以为平行直线倒圆角（默认以平行线间距离为圆角直径）。

6. 修剪

使用"修剪"（TRIM）命令，可以修剪对象，使它们精确地终止于由其他对象定义的边界。在"修改"工具栏中单击 ✂ 按钮，命令行提示如下：

命令：_trim

当前设置：投影=UCS，边=无

选择剪切边…

选择对象或<全部选择>：

第一行显示了该命令名称，第二行显示了当前的投影模式和相交模式，第三、四行提示用户选择作为剪切边的对象。当结束选择后，AutoCAD 2020 继续提示：

选择要修剪的对象，或按住 <Shift> 键选择要延伸的对象，或［栏选（F）/窗交（C）/投影（P）/边（E）/删除（R）/放弃（U）］：

在此提示下，如果直接拾取对象，则修剪该对象。拾取的位置决定了对象的哪一部分被剪掉。如果拾取对象的同时按住<Shift>键，则可延伸该对象。

"栏选（F）"和"窗交（C）"选项在项目 1 中已经介绍过，其余选项说明如下。

（1）投影（P）：设置投影模式。默认模式为 UCS，即将被剪对象和剪切边投影到当前 UCS 的 *XY* 平面上，还可以设置为不投影或沿线方向投影到视图区。

（2）边（E）：确定剪切边与被剪对象是直接相交还是延长相交。

（3）删除（R）：删除该对象。

（4）放弃（U）：取消"修剪"命令最近所完成的操作。

● 小提示

在 AutoCAD 2020 提示用户选择剪切边时，可以直接按<Enter>键或在空白处右击而不选择任何对象，直接选取要修剪的对象（系统自动将距离拾取点最近、可以作为剪切边的对象作为剪切边）。

拓展训练

按尺寸绘制以下所示图形并存盘，不必标注尺寸，文件名为"姓名 – 项目 2 – 1 拓展训练"。

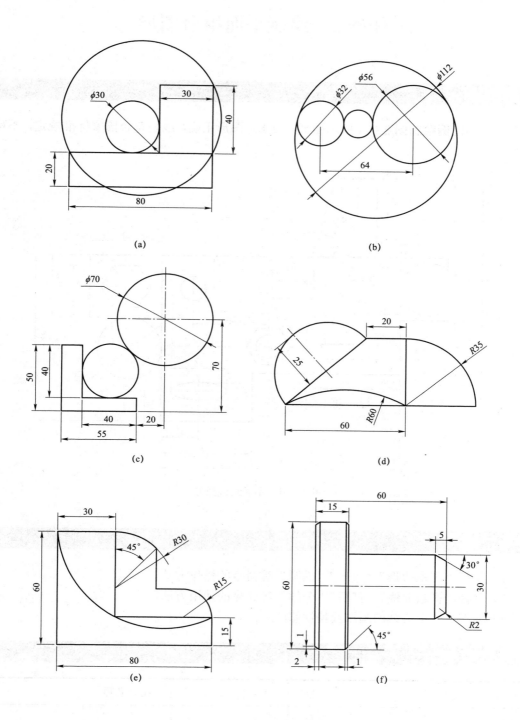

(a)

(b)

(c)

(d)

(e)

(f)

任务 2 绘制平面组合图形

用 1:1 的比例绘制图 2–14 所示图形。要求：图形正确，线型符合国家标准规定，不标注尺寸。

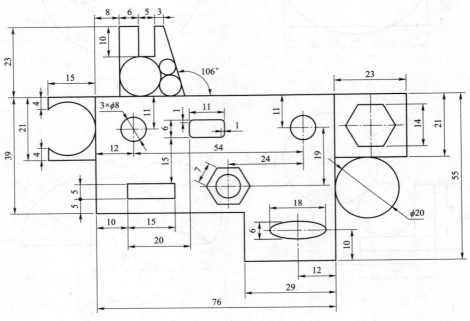

图 2–14 平面组合图形

（1）掌握"正多边形""矩形""椭圆"等命令的操作方法。
（2）掌握"样条曲线""打断""分解"等命令的使用方法。
（3）掌握十字中心线的画法及特性修改。

班级		组号		指导老师	
组长		学号			
组员					

任务准备

引导问题 1： 用 AutoCAD 2020 绘制正多边形时，有哪些不同的接入方式，各有什么区别？

_____

_____

_____

引导问题 2： 样条曲线一般用于表达哪些图线？

_____

_____

_____

引导问题 3： "打断于点"与"打断"的区别以及使用方法各是什么？

_____

_____

_____

_____

引导问题 4： "矩形"命令在使用过程中有哪些注意事项？

_____

_____

_____

引导问题 5： 十字中心线线性特性如何进行修改？

_____

_____

_____

_____

任务实施

1. 新建图纸

新建一张图纸，按照该图形的尺寸，图纸大小应设置成 A4，横放，因此图形界限设置为 297×210。

2. 显示图形界限

单击"全部缩放"按钮，选择"图形缩放"命令中的"全部"选项，图形栅格的界限将填充当前视口。或者在命令窗口输入"Z"，按<Enter>键，再输入"A"，按<Enter>键。

3. 设置对象捕捉

在状态栏的"对象捕捉"按钮上右击，在弹出的快捷菜单中选择"设置"选项，系统弹出"草图设置"对话框,选择"交点""切点""圆心"和"端点"选项,并启动"对象捕捉"功能,单击"确定"按钮。

4. 设置图层

按图形要求,打开"图层特性管理器"对话框,设置图层名、颜色、线型和线宽,如表 2-5 所示。

表 2-5 设置图层

图层名	颜色	线型	线宽/mm
粗实线	黑色	Continuous	0.5
细实线	绿色	Continuous	0.25
中心线	红色	CENTER	0.25

5. 绘制六边形

1)选择图层

通过"图层"工具栏,将"粗实线"层设置为当前层。单击"图层"工具栏"图层控制"后的下拉按钮,打开"图层控制"列表,在"粗实线"层上单击,则"粗实线"层为当前层。

2)绘制六边形

用"直线"命令绘制如图 2-15 所示的六边形,命令行提示如下:

命令:L

指定第一个点:0,0

指定下一点或[放弃(U)]:@-47,0   //输入相对直角坐标

指定下一点或[放弃(U)]:@0,39   //输入相对直角坐标

指定下一点或[闭合(C)/放弃(U)]:@76,0   //输入相对直角坐标

指定下一点或[闭合(C)/放弃(U)]:@0,-55   //输入相对直角坐标

指定下一点或[闭合(C)/放弃(U)]:@-29,0   //输入相对直角坐标

指定下一点或[闭合(C)/放弃(U)]:C   //闭合图形

6. 使用"极轴追踪"完成上部分多边形

首先调出"草图设置"对话框,然后切换至"极轴追踪"选项卡,在"增量角"下拉列表框中新建附加角-74°,同时勾选"启用极轴追踪"复选框,然后用"直线"命令绘制,命令行提示如下:

命令:L

指定第一个点:@8,39   //指定点相对直角坐标

指定下一点或[放弃(U)]:@0,23   //指定点相对直角坐标

指定下一点或[放弃(U)]:@6,0   //指定点相对直角坐标

指定下一点或[闭合(C)/放弃(U)]:@0,-10   //指定点相对直角坐标

指定下一点或［闭合（C）/放弃（U）］：@5，0　　　　//指定点相对直角坐标
指定下一点或［闭合（C）/放弃（U）］：@0，10　　　　//指定点相对直角坐标
指定下一点或［闭合（C）/放弃（U）］：@3，0　　　　//指定点相对直角坐标
指定下一点或［闭合（C）/放弃（U）］：沿 −74° 追踪线捕捉与 BC 的交点 E 作为终点
绘制结果如图 2−16 所示。

图 2−15　六边形　　　　　　　图 2−16　上半部分绘制结果

7. 绘制 3 × ⌀8 的圆

首先执行"圆"命令，按<Shift>键的同时右击，从弹出的快捷菜单中选择"自"命令，捕捉图 2−16 所示点 B 作为参照点，输入"@12，−11"后按<Enter>键，指定圆心，再输入半径 4 后按<Enter>键，绘制出六边形内左上角的⌀8 圆。同理，绘制另两个⌀8 的圆。

然后用"直线"命令绘制 3 个⌀8 圆的中心线，结果如图 2−17 所示。

8. 绘制正多边形

执行"正多边形"和"直线"命令，绘制四边形、正六边形及其中心线，结果如图 2−18 所示。

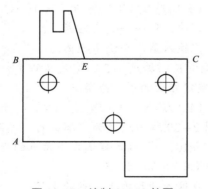
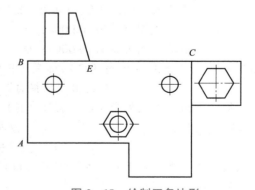

图 2−17　绘制 3×⌀8 的圆　　　　图 2−18　绘制正多边形

9. 绘制椭圆

首先用"捕捉自"工具与"椭圆"命令绘制椭圆，命令行提示如下：

61

命令：ELLIPSE

指定椭圆的轴端点或［圆弧（A）/中心点（C）］：C//利用"捕捉自"工具确定椭圆圆心

指定椭圆的中心点：　　　　　　　　　　//移动鼠标，捕捉图 2-19 所示点 D 为"捕捉
　　　　　　　　　　　　　　　　　　　　　自"参照点

指定椭圆的中心点：@-12，10　　　　//输入相对坐标值确定椭圆圆心

指定轴的端点：9　　　　　　　　　　　//移动鼠标，当出现水平追踪线时输入"9"，
　　　　　　　　　　　　　　　　　　　　　按<Enter>键，确定水平轴右端点

　　指定另一条半轴长度或［旋转（R）］：3　//指定竖直轴的半轴长度

然后通过"图层"工具栏将"中心线"层设置为当前层，用"直线"命令绘制中心线，
完成椭圆的绘制，结果如图 2-19 所示。

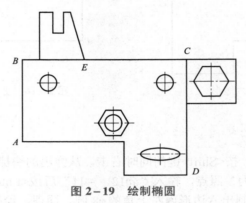

图 2-19　绘制椭圆

10. 绘制矩形和倒角矩形

通过"图层"工具栏将"粗实线"层设置为当前层，用"捕捉自"工具与"矩形"命令
绘制矩形和倒角矩形，命令行如下：

命令：RECTANGLE

指定第一个角点或［倒角（C）/标高（E）/圆角（F）/厚度（T）/宽度（W）］：C

指定矩形的第一个倒角距离<0.000>：0　　　　//输入第一个倒角距离

指定矩形的第二个倒角距离<0.000>：0　　　　//输入第二个倒角距离

指定第一个角点或［倒角（C）/标高（E）/圆角（F）/厚度（T）/宽度（W）］：_from
基点：　　　　　　　　//利用"捕捉自"工具确定矩形的第一个角点

指定第一个角点或［倒角（C）/标高（E）/圆角（F）/厚度（T）/宽度（W）］：_from 基
点：<偏移>：@10，5　　　　　　　//捕捉图 2-20 所示点 A 为"捕捉自"参照点，
　　　　　　　　　　　　　　　　　　　输入"@10，5"确定矩形左下角点的坐标

指定另一个角点或［面积（A）/尺寸（D）/旋转（R）］：@15，5
　　　　　　　　　　　　　　　//输入矩形右上角点的坐标

命令：RECTANGLE

指定第一个角点或［倒角（C）/标高（E）/圆角（F）/厚度（T）/宽度（W）］：C

指定矩形的第一个倒角距离<0.000>：1　　　　//输入第一个倒角距离

指定矩形的第二个倒角距离<1.000>：1　　　　//输入第二个倒角距离

指定第一个角点或［倒角（C）/标高（E）/圆角（F）/厚度（T）/宽度（W）］:_from 基点:　　　　　　　//利用"捕捉自"工具确定矩形的第一个角点

指定第一个角点或［倒角（C）/标高（E）/圆角（F）/厚度（T）/宽度（W）］:_from 基点:<偏移>:@30, 25　　　　//捕捉图 2-20 所示点 A 为"捕捉自"参考点,输入"@30,

25"确定倒角矩形的左下角点的坐标

指定另一个角点或［面积（A）/尺寸（D）/旋转（R）］:@11, 6

//输入倒角矩形右上角点的坐标

完成矩形和倒角矩形的绘制,结果如图 2-20 所示。

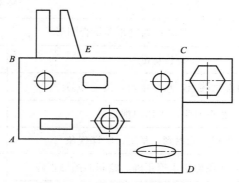

图 2-20　绘制矩形和倒角矩形

11. 绘制图 2-14 中的 ϕ20 圆和上部分多边形内无尺寸的 3 个圆

用"切点、切点、半径"方式绘制 ϕ20 的圆;用"切点、切点、切点（A）"方式分别绘制大、中、小 3 个圆,如图 2-21 所示。

12. 绘制图 2-14 中的左侧图形

用"直线"命令和"绘图"→"圆弧"→"三点"命令并结合快捷菜单中"两点之间的中点"命令画出图 2-14 所示最左侧的图形,完成后如图 2-22 所示。

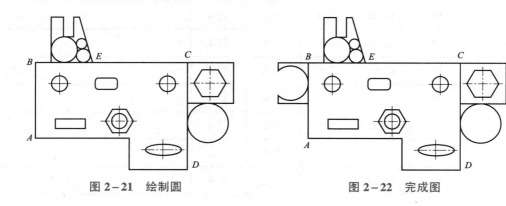

图 2-21　绘制圆　　　　　　　　　　　　图 2-22　完成图

13. 保存图形文件

单击"保存"按钮，选择合适的位置，以"图 2-14"为名保存。

任务评价

各组代表展示作品，介绍任务的完成过程，并完成表 2-6～表 2-8 所示的评价表。

表 2-6　学生自评表

班级：	姓名：			学号：
任务：绘制平面组合图形				
评价项目	评价标准		分值	得分
学习态度	学习态度端正，热爱学习、提前预习		20	
学习习惯	勤奋好学、工作习惯良好		20	
上课纪律	课堂积极，无迟到、早退、旷课现象		20	
实践练习	思路清晰，绘图操作步骤正确、绘制的图形正确		20	
职业素养	安全生产、保护环境、爱护设施		20	
合计				

表 2-7　小组互评表

任务：绘制平面组合图形					
评价项目	分值	等级			评价对象__组
计划合理	10	优 10	良 8	中 6	差 4
方案准确	10	优 10	良 8	中 6	差 4
团队合作	10	优 10	良 8	中 6	差 4
组织有序	10	优 10	良 8	中 6	差 4
工作质量	10	优 10	良 8	中 6	差 4
工作效率	10	优 10	良 8	中 6	差 4
工作完整	10	优 10	良 8	中 6	差 4
工作规范	10	优 10	良 8	中 6	差 4
成果展示	20	优 20	良 16	中 12	差 8
合计					

表 2-8　教师评价表

班级：		姓名：		学号：	
任务：绘制平面组合图形					
评价项目	评价标准			分值	得分
考勤	无迟到、旷课、早退现象			10	
完成时间	60 分钟满分，每多 10 分钟减 1 分			10	
理论填写	正确率 100% 为 20 分			20	
绘图规范	操作规范、绘制图形美观正确			10	
技能训练	绘制正确满分为 20 分			20	
协调能力	与小组成员之间合作交流			10	
职业素养	安全工作、保护环境、爱护设施			10	
成果展示	能准确汇报工作成果			10	
合计					
综合评价	自评（20%）	小组互评（30%）	教师评价（50%）	综合得分	

任务总结

（1）通过完成上述任务，你学到了哪些知识和技能？

_____

_____

_____

（2）在绘图过程中，有哪些需要注意的事项？

_____

_____

_____

知识学习

1. 绘制矩形

用"矩形"（RECTANG）命令绘制矩形时只需要给定矩形对角线上的两个端点即可，矩形各边的线宽由"多段线"（PLINE）命令定义。在"绘图"工具栏中单击■按钮，命令行提示如下：

命令：_rectang

指定第一个角点或 [倒角（C）/标高（E）/圆角（F）/厚度（T）/宽度（W）]：

各选项含义如下。

（1）指定第一个角点：该选项提示用户指定矩形的第一个角点，指定该角点之后，系统将提示输入第二个角点，然后以这两个角点作为对角线的端点绘制矩形。

（2）倒角（C）：设置矩形四角为直线倒角，并指定倒角直线在矩形边上的距离。

（3）标高（E）：指定矩形在三维空间的标高。以后执行"矩形"命令时将使用此值作为默认标高。

（4）圆角（F）：设置矩形四角为圆角并指定圆角半径。

（5）厚度（T）：指定矩形的厚度。以后执行"矩形"命令时将使用此值作为默认厚度。

（6）宽度（W）：指定矩形多段线的宽度。

● 小提示

（1）绘制倒角矩形时，当输入的倒角距离大于矩形的边长时，角不会生成。

（2）绘制圆角矩形时，当输入的圆角半径大于矩形边长时，圆角不会生成。

（3）"矩形"命令具有继承性，当绘制矩形时设置的各项参数始终起作用，直至修改该参数或重新启动 AutoCAD 2020。因此在绘制矩形时，当输入"矩形"命令后，应该特别注意命令提示行的命令状态。例如，执行"矩形"命令绘制完图后，再执行"矩形"命令，必须对"矩形"命令选项中的各参数进行修改。

（4）绘制的矩形是一条多段线，编辑时是一个整体，可以通过"分解"命令使之分解成单条线段。

2. 绘制正多边形

画正多边形时首先输入边数，再选择按边或按中心来绘制，若按中心绘制，则又分为按外接圆半径或内切圆半径两种画法。在"绘图"工具栏中单击⬠按钮，命令行提示如下：

命令：_polygon

输入侧面数<4>：

指定正多边形的中心点或 [边（E）]：

输入选项 [内接于圆（I）/外切于圆（C）] <I>：

操作说明：

若按"内接于圆（I）"方式，则先指定中心点 A，然后选择该选项，单击点 B 指定外接圆半径；若按"外切于圆（C）"方式，则先指定中心点 A，然后选择该选项，单击点 B 指定内切圆半径；若指定"边（E）"画正多边形，则在前述命令提示的第二行输入"E"，然后依次拾取边的两个端点 A、B，系统按 A、B 顺序沿逆时针方向绘制正多边形，如图 2−23 所示。

● 小提示

（1）如果已知正多边形中心与每条边端点之间的距离，则选择"内接于圆"。

（2）如果已知正多边形中心与每条边中点之间的距离，则选择"外切于圆"。

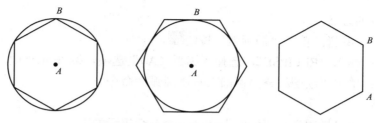

图2-23 正多边形的3种画法

（3）当所绘制的正多边形水平放置时，可直接输入内接或外切多边形的半径；当所绘制的正多边形不是水平放置时，则控制点用相对极坐标确定比较方便。

（4）绘制的正多边形是一条多段线，编辑时是一个整体，可以通过"分解"命令使之分解成单条线段。

3. 绘制椭圆

根据已知条件，可用"椭圆"命令选择多种方式画椭圆或椭圆弧。椭圆由定义其所接长度和宽度的两条轴决定。较长的轴称为长轴，较短的轴称为短轴。在"绘图"工具栏中单击 ⬭ 按钮，命令行提示如下：

命令：_ellipse

指定椭圆的轴端点或［圆弧（A）/中心点（C）］：

如果在此提示下直接指定一点，则其为长轴或短轴的第一个端点，之后提示用户输入第二个端点，这样就确定了椭圆的一条轴，然后提示：

指定轴的另一个端点：

指定另一条半轴长度或［旋转（R）］：

若不直接指定半轴长度，而输入"R"，则命令行提示如下：

指定绕长轴旋转的角度：

输入角度值后生成的椭圆将通过旋转的方式确定。即短轴长=长轴长×cos 60°（这里的cos是三角函数）。角度值在0°～89.4°选取，输入0°时为圆。

选项含义说明如下。

（1）圆弧（A）：该选项用于绘制椭圆弧，选择该选项后命令行提示如下：

指定椭圆弧的轴端点或［中心点（C）］：

这一提示与前面画椭圆的提示相同，要求输入椭圆的轴端点或中心点来绘制椭圆。在确定了椭圆以后，系统将提示绘制椭圆弧的有关操作：

指定起始角度或［参数（P）］：

指定终止角度或［参数（P）/包含角度（I）］：

依次响应了上面的提示后，将创建相应的椭圆弧。

（2）中心点（C）：选择该选项后，提示输入椭圆的中心点，之后提示输入某一轴的端点。这样就确定了椭圆的一个半轴，后面的操作过程与"指定椭圆的轴端点"选项相同。

4. 绘制椭圆弧

"椭圆弧"命令用于绘制椭圆弧。

1）执行命令的方法

（1）"绘图"工具栏：单击"椭圆弧"按钮◯。

（2）命令行：输入"ELLIPSE"，选择"圆弧（A）"选项，按<Enter>键。

（3）菜单栏：单击"绘图"→"椭圆"→"圆弧"命令。

2）操作步骤

单击"绘图"→"椭圆"→"圆弧"命令，命令行提示如下：

命令：_ellipse

指定椭圆的轴端点或［圆弧（A）/中心点（C）］：A

指定椭圆弧的轴端点或［中心点（C）］：

指定轴的另一个端点：

指定另一条半轴长度或［旋转（R）］：

指定起始角度或［参数（P）］：

指定终止角度或［参数（P）/包含角度（I）］：

5. 绘制样条曲线

样条曲线是指按照给定的某些数据点（控制点）拟合生成的光滑曲线，它可以是二维曲线或三维曲线，样条曲线最少应有 3 个顶点。在机械图样中样条曲线常用来绘制波浪线、凸轮曲线等。在"绘图"工具栏中单击 ⁄⁄ 按钮，命令行提示如下：

命令：_spline

当前设置：方式＝拟合　节点＝弦

指定第一个点或［方式（M）/节点（K）/对象（O）］：

命令行选项含义如下。

（1）指定第一个点：如果指定了一个点，则系统会在光标当前位置动态显示橡皮筋线，并接着提示：

指定下一个点或［起点切向（T）/公差（L）］：

指定下一个点：

不断输入样条曲线的下一个点。若不断输入下一个点，系统会继续提示：

指定下一个点或［端点相切（T）/公差（L）/放弃（U）］：

指定下一个点或［端点相切（T）/公差（L）/放弃（U）/闭合（C）］：

（2）闭合（C）：闭合样条曲线，并要求指定闭合点处的切线方向，如果按<Enter>键，则用默认方式确定切线方向。

（3）公差（L）：输入拟合公差。拟合公差决定了曲线和数据点的接近程度。如果输入 0，则曲线通过所有的数据点。

（4）起点切向（T）：选择该选项后，要求用户指定一个点，系统会用该点来确定曲线的起点和终点处的切线方向。

（5）对象（O）：选择该选项后，可以将样条曲线拟合的多段线转换为真正的样条曲线。

● 小提示

样条曲线主要用于绘制机械制图中的波浪线、截交线、相贯线等。

6. 打断与合并

（1）"打断"工具可以在除了多线和面域以外的所有图形对象上打开一个缺口。

单击"修改"工具栏里的"打断"工具，命令行窗口提示"选择对象："，在要打断的图形对象上单击，将该对象选中，同时被单击的位置将成为一个打断点；命令行窗口接着提示"指定第二个打断点 或［第一点（F）］："，在图形对象的第二个打断点上单击，在两个打断点之间就被打断成一个缺口。

也可以这样操作，单击"修改"工具栏里的"打断"工具，命令行窗口提示"选择对象："，在要打断的图形对象上单击，将该对象选中；命令行窗口接着提示"指定第二个打断点或［第一点（F）］："，键入"F"并按<Enter>键；命令行窗口又接着提示"指定第一个打断点："，于是在图形对象的第一个打断点上单击；命令行窗口最后提示"指定第二个打断点："，在图形对象的第二个打断点上单击，在两个打断点之间就被打断成一个缺口。

如果希望仅仅是将图形对象在某一点打断而不出现缺口，只要在命令行窗口提示"指定第二个打断点："的时候，键入"@0，0"并按<Enter>键即可。也可以直接使用"修改"工具栏里的"打断于点"工具。

"打断"工具不太好用，在用于如圆、矩形、正多边形等闭合图形的时候不容易预料缺口出现的位置，从而会出现意想不到的结果，因此在要打断图形对象的时候使用"修剪"工具会更方便一些。

（2）"合并"工具和"打断"工具相反，它可以将一段圆弧或椭圆弧恢复成圆和椭圆；可以将两条共圆的圆弧合并成一条或将两条共椭圆的椭圆弧合并成一条；可以将两条直线合并成一条，条件是一条直线在另一条的延长线上；还可以将两条端点相接的样条曲线合并成一条。

将一段圆弧或椭圆弧恢复成圆或椭圆的操作如下：单击"修改"工具栏里的"合并"工具，命令行窗口提示"选择源对象："，单击选中弧线；命令行窗口接着提示"选择圆弧，以合并到源或进行［闭合（L）］："，键入"L"按<Enter>键。

将两条共圆的圆弧合并成一条或将两条共椭圆的椭圆弧合并成一条的操作如下：单击"修改"工具栏里的"合并"工具，命令行窗口提示"选择源对象："，单击选中第一段弧线；命令行窗口接着提示"选择圆弧，以合并到源或进行［闭合（L）］："，单击选中第二段弧线后接着右击或按<Enter>键。

将两条直线合并成一条的操作如下：单击"修改"工具栏里的"合并"工具，命令行窗口提示"选择源对象："，单击选中第一条直线；命令行窗口接着提示"选择要合并到源的直线："，单击选中第二条直线后接着右击或按<Enter>键。

将两条端点相接的样条曲线合并成一条的操作如下：单击"修改"工具栏里的"合并"工具，命令行窗口提示"选择源对象："，单击选中第一条样条曲线；命令行窗口接着提示"选择要合并到源的样条曲线或螺旋："，单击选中第二条样条曲线后接着右击或按<Enter>键。

7. 分解图案

图案是一种特殊的图块，被称为"匿名"块，无论形状多复杂，它都是一个单独的对象。可以用"分解"命令来分解一个已存在的关联图案。

图案被分解后，它将不再是一个单一的对象，而是一组组成图案的线条。同时，被分解后的图案也失去了与图形边界的关联性，因此，将无法用"图案填充"编辑命令来编辑。

拓展训练

按尺寸绘制以下所示图形并存盘，不必标注尺寸，文件名为"姓名－项目 2-2 拓展训练"。

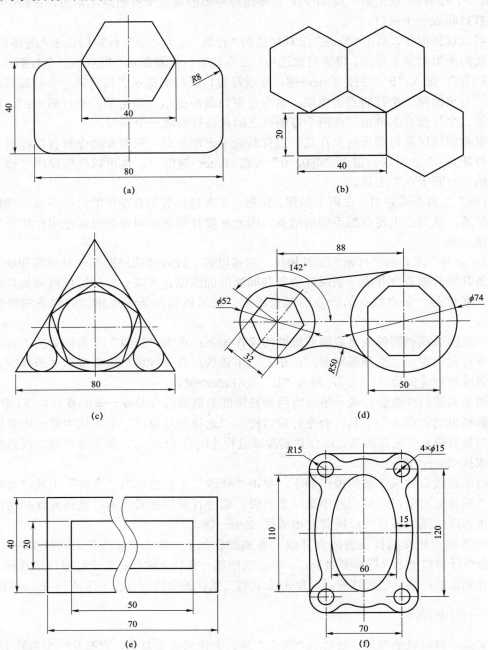

任务 3　绘制基本三视图

任务描述

　　绘制图 2-24 所示的组合体三视图。三视图能够正确反映物体长、宽、高尺寸的正投影图（主视图、俯视图、左视图三个基本视图称为三视图），这是对物体几何形状约定俗成的抽象表达方式。在绘制组合体三视图时，一般先根据"主、俯视图长对正"的投影特性绘制与编辑主视图与俯视图，再根据"主、左视图高平齐""俯、左视图宽相等"的投影特性绘制左视图。

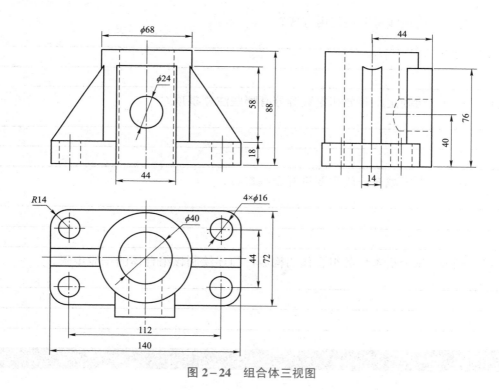

图 2-24　组合体三视图

任务目标

　　（1）掌握"构造线"（即"辅助线"）和"射线"命令的使用方式。
　　（2）掌握点样式设置，灵活利用定距等分、定数等分方法。
　　（3）掌握图案填充操作方法。
　　（4）掌握利用对象捕捉、对象追踪等方法来保证三视图的三等关系。
　　（5）掌握组合体三视图的绘制方法和步骤。

任务分组

班级		组号		指导老师	
组长		学号			
组员					

任务准备

引导问题 1：构造线有哪些使用方式？

_____

_____

引导问题 2：绘制定距等分和定数等分有哪些注意事项？

_____

_____

引导问题 3：图案填充一般需要设置哪些参数？

_____

_____

_____

引导问题 4：试分析本任务组合体的构成，简述绘制该组合体的一般步骤。

_____

_____

_____

_____

任务实施

1. 绘图环境设置

1）设置图形界限

新建一张图纸，按该图形的尺寸，图纸大小应设置成 A3 纸横放，取系统的默认值，因此图形界限为 420×297。然后再单击"标准"工具栏上的"全部缩放"按钮，选择"图形缩放"命令中的"全部"选项。

2）设置对象捕捉

在"草图设置"对话框中，选择"交点""端点""中点"和"圆心"等选项，并启动"对象捕捉"功能。

2. 设置图层

按图形要求,打开"图形特性管理器"对话框,设置"粗实线"层、"中心线"层、"虚线"层和"辅助线"层。

3. 绘制"中心线"等基准线和辅助线

1)绘制基准线

选择"中心线"层,调用"直线"命令,绘制出主视图和俯视图的左、右对称中心线 *BE*,俯视图的前、后对称中心线 *FA*,左视图的前、后对称中心线 *CD*。在"粗实线"层,绘制主视图、左视图的底面基准线 *GH*、*IJ*。

2)绘制辅助线

选择"辅助线"层,调用"构造线"命令,通过中心线 *FA* 与 *CD* 的交点 *C*,绘制一条 −45°的构造线,结果如图 2−25 所示。

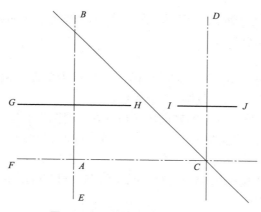

图 2−25　绘制基准线及辅助线

4. 绘制底板外形

绘制底板时,可暂时画出其大致结构,待整个图形的大致结构绘制完成后,再绘制其细小结构。

1)利用"偏移"命令绘制轮廓线

① 调用"偏移"命令,将基准线 *GH*、*IJ* 向上偏移复制 18 个单位,中心线 *AB* 向左、右各偏移复制 70 个单位,中心线 *FA* 向上、下各偏移复制 36 个单位,中心线 *CD* 向左、右各偏移复制 36 个单位。

② 选择刚刚偏移得到的点画线型轮廓线,打开"图层"工具栏上的"图层控制"列表,将所选择的线调整到"粗实线"层,结果如图 2−26 所示。

2)用"修剪""圆角"命令完成底板外轮廓的绘制

用"修剪""圆角"命令修剪三个视图,整理完后的结果如图 2−27 所示。

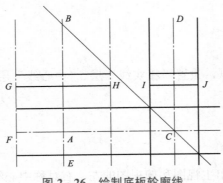

图 2−26　绘制底板轮廓线

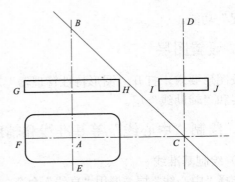

图 2−27　修剪后的底板三视图

注意：如果觉得三个视图同时偏移后再修剪，图形较乱，无从下手，则可一个视图一个视图地分别操作，底板三视图也可利用"矩形"命令绘制。

5. 绘制上部圆筒

1）绘制俯视图的圆

将"粗实线"层设置为当前层，调用"圆"命令，以交点 A 为圆心，分别以 20 和 34 为半径绘制直径为 40 和 68 的圆。

2）绘制主视图轮廓线

① 画主视图和左视图上端直线。在"修改"工具栏中单击"偏移"按钮，调用"偏移"命令，将基准线 GH、IJ 向上偏移复制 88 个单位。

② 画主视图圆筒内、外圆柱面的转向轮廓线。在"绘图"工具栏中单击"构造线"按钮，调用"构造线"命令，捕捉俯视图上 1、2、3、4 各点绘制铅垂线。

3）绘制左视图轮廓线

调用"偏移"命令，将偏移距离分别设置为 20 和 34，对左视图中心线 CD 向两侧偏移复制。

4）将内孔线调整到虚线层

利用"图层"工具栏或"特性"选项板将内孔轮廓线调整到"虚线"层，将左视图外孔轮廓线调整到"粗实线"层，结果如图 2−28 所示。

5）修剪图形

参照前面修剪步骤，用"修剪"命令修剪主视图和左视图，结果如图 2−29 所示。

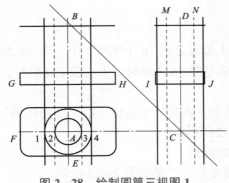

图 2−28　绘制圆筒三视图 1

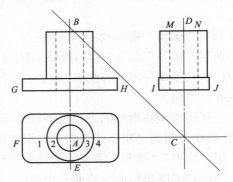

图 2−29　绘制圆筒三视图 2

6. 绘制左、右肋板

肋板在俯视图和左视图上的前、后轮廓线投影可根据尺寸通过偏移对称中心线直接画出，而肋板斜面在主视图和左视图上的投影则要通过三视图的投影关系获得。

1）在俯视图、左视图上偏移复制肋板前、后面投影

在"修改"工具栏中单击"偏移"按钮，调用"偏移"命令，将中心线 FC 向上、下各偏移复制 7 个单位，将中心线 CD 向左、右各偏移复制 7 个单位。

2）确定肋板在主视图、左视图上的最高位置的辅助线

调用"偏移"命令，将基准线 GH、IJ 向上偏移复制 76 个单位，得到辅助线 PQ 和 RS。

3）在主视图中确定肋板的最高位置点

调用"构造线"命令，捕捉交点 5，绘制铅垂线，铅垂线与辅助线 PQ 的交点为 6。直线 56 即圆筒在主视图上的内侧线位置，结果如图 2-30 所示。

4）绘制主视图上肋板斜面投影

① 调用"窗口缩放"命令，放大主视图肋板的顶尖部分。

② 调用"直线"命令，画线连接顶尖点 6 和下边缘点 X，绘制出主视图中肋板斜面投影，与圆筒左侧轮廓线交于点 7，如图 2-31 所示。

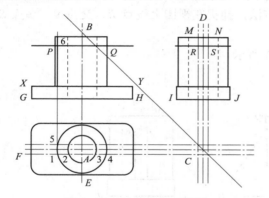

图 2-30　绘制肋板三视图

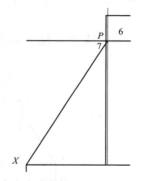

图 2-31　连接主视图中的斜线

5）修剪三个视图中多余的线

调用"修剪"命令，将主视图的左侧肋板投影，俯视图及左视图中肋板投影修剪成适当长度，在修剪过程中，可随时调用"实时平移""实时放大""缩放上一窗口"命令，以便于图形编辑。

删除偏移辅助线 RS。将偏移的肋板侧线调整到"粗实线"层，结果如图 2-32 所示。

6）绘制主视图中右侧肋板

首先删除主视图中圆筒右侧的线，然后按照绘制左侧肋板的方法绘制右侧线和肋板投影线。

① 选择主视图中圆筒右侧转向轮廓线，删除。

② 同理绘制主视图中右侧肋板。

7）绘制左视图中肋板与圆筒相交弧线 R9S

① 调用"窗口放大"命令，在主视图点 Q 的左上角附近单击，向右下拖动鼠标，在左

视图点 S 右下角附近单击，使这一区域在屏幕上显示。

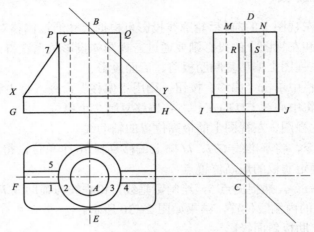

图 2-32　修剪后的肋板三视图

② 调用"构造线"命令，选择"水平线"选项，捕捉圆筒右侧转向轮廓线与右肋板交点 8，绘制水平线，水平线与中心线 CD 交于点 9。

③ 调用"圆弧"命令，用三点弧方法，捕捉左视图上端点 R、交点 9、端点 S，绘制截交线 R9S。

④ 删除辅助线 89，结果如图 2-33 所示。

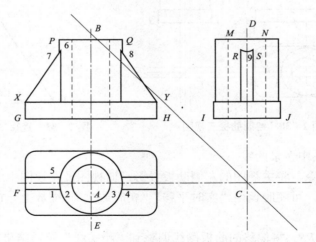

图 2-33　完成的肋板三视图

7. 绘制前部立板

1）绘制前部立板外形的已知线

① 调用"偏移"命令，输入偏移距离 22，向左、右各偏移复制中心线 AB，绘制主视图和俯视图中前板的左、右轮廓线。

② 调用"偏移"命令，输入偏移距离 76，向上偏移复制基准线 GH、IJ，得到前板上表

面在主视图、左视图中的投影轮廓线。

③ 调用"偏移"命令，输入偏移距离 44，向下偏移复制俯视图的中心线 *FC*，向右偏移复制左视图的中心线 *CD*，在俯视图和左视图中得到前部立板在俯视图和左视图中的前表面的投影。

④ 调用"修剪"和"倒角"命令，修剪图形，结果如图 2–34 所示。

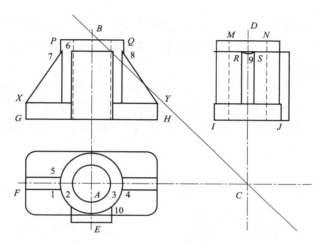

图 2–34　绘制前部立板三视图 1

2）绘制左视图前部立板与圆筒交线 *UV*

利用"对象捕捉"和"对象捕捉追踪"功能，用"直线"命令绘制左视图中前板与圆筒的交线。

同时启动"对象捕捉""正交""对象捕捉追踪"功能，调用"直线"命令，当命令行提示"指定第一个点："时，在点 10（两线交点）附近移动光标，当出现交点标记时向右移动光标，出现追踪蚂蚁线，移到–45°辅助线上出现交点标记时单击，如图 2–35 所示。再向上移动光标，在左视图上方单击，绘制出垂直线 *UV*。调用"修剪"命令，修剪图形，得到前部立板在左视图中的投影，结果如图 2–36 中左视图所示。

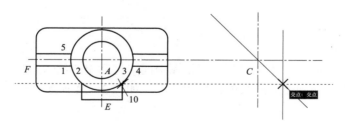

图 2–35　绘制前部立板三视图 2

3）绘制前部立板圆孔

首先绘制各视图中圆孔的定位中心线、主视图中的圆，在左视图和俯视图中偏移复制中心线，获得孔的转向轮廓线，再利用辅助线法绘制左视图的相贯线。

① 调用"偏移"命令，输入偏移距离 40，向上偏移复制基准线 *GH*、*IJ*，再将偏移所得

到的直线改到"中心线"层，调整到合适的长度。

② 绘制主视图中的圆。调用"圆"命令，以交点 Z 为圆心、12 为半径绘制主视图中孔的投影。

③ 绘制圆孔在俯视图中的投影。调用"偏移"命令，输入偏移距离 12，将俯视图中的左、右对称中心线 AE 分别向两侧偏移复制。再将偏移所得到的直线改到"虚线"层，修剪到合适的长度。

④ 绘制圆孔在左视图中的投影。调用"偏移"命令，输入偏移距离 12，将左视图中基准线 IJ 向上偏移所得到的水平中心线分别向上、下复制。再将偏移所得到的直线调整到"虚线"层，修剪到合适的长度。

⑤ 绘制左视图的相贯线。在"粗实线"层，利用前面用到的绘制前部立板与圆筒在左视图中交线 UV 的方法，捕捉交点 11，绘制左视图中的垂直辅助线，得到与中心线的交点 13。在"虚线"层，用三点法绘制圆弧，选择点 12、13、14 三点，得到相贯线，结果如图 2-36 所示。

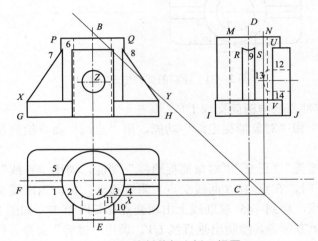

图 2-36　绘制前部立板三视图 3

8. 编辑图形

① 删除多余的线。

② 调用"打断"命令，在主视图和俯视图中间，打断中心线 BE。

③ 调整各图中心线到合适的长度，完成全图，如图 2-24 所示。

9. 保存图形

调用"保存"命令，以"图 2-24"为名保存图形。

任务评价

各组代表展示作品，介绍任务的完成过程，并完成表 2-9～表 2-11 所示的评价表。

表 2−9　学生自评表

班级：	姓名：		学号：	
任务：绘制基本三视图				
评价项目	评价标准		分值	得分
学习态度	学习态度端正，热爱学习、提前预习		20	
学习习惯	勤奋好学、工作习惯良好		20	
上课纪律	课堂积极，无迟到、早退、旷课现象		20	
实践练习	思路清晰，绘图操作步骤正确、绘制的图形正确		20	
职业素养	安全生产、保护环境、爱护设施		20	
合计				

表 2−10　小组互评表

任务：绘制基本三视图						
评价项目	分值	等级				评价对象＿组
计划合理	10	优 10	良 8	中 6	差 4	
方案准确	10	优 10	良 8	中 6	差 4	
团队合作	10	优 10	良 8	中 6	差 4	
组织有序	10	优 10	良 8	中 6	差 4	
工作质量	10	优 10	良 8	中 6	差 4	
工作效率	10	优 10	良 8	中 6	差 4	
工作完整	10	优 10	良 8	中 6	差 4	
工作规范	10	优 10	良 8	中 6	差 4	
成果展示	20	优 20	良 16	中 12	差 8	
合计						

表 2−11　教师评价表

班级：	姓名：		学号：	
任务：绘制基本三视图				
评价项目	评价标准		分值	得分
考勤	无迟到、旷课、早退现象		10	
完成时间	60 分钟满分，每多 10 分钟减 1 分		10	

续表

评价项目	评价标准	分值	得分
理论填写	正确率 100%为 20 分	20	
绘图规范	操作规范、绘制图形美观正确	10	
技能训练	绘制正确满分为 20 分	20	
协调能力	与小组成员之间合作交流	10	
职业素养	安全工作、保护环境、爱护设施	10	
成果展示	能准确汇报工作成果	10	
合计			
综合评价	自评（20%）	小组互评（30%）	教师评价（50%）	综合得分

任务总结

（1）通过完成上述任务，你学到了哪些知识和技能？

_____

_____

_____

（2）在绘图过程中，有哪些需要注意的事项？

_____

_____

_____

知识学习

1. 多段线

多段线是作为单一对象创建的首尾相连的直线段和弧线序列，如图 2-37 所示。各连接点处的线宽可在绘图过程中设置（要一次性编辑所有线段就要使用多段线）。

在"绘图"工具栏中单击█按钮，命令行提示如下：

命令：_pline

指定起点：

指定第一点后，命令行提示：

当前线宽为 0.0000

指定下一个点或 [圆弧（A）/半宽（H）/长度（L）/放弃（U）/宽度（W）]：

图 2-37 多段线示例

各选项含义如下。

（1）圆弧（A）：从直线多段线切换到画弧多段线并显示一些提示选项。当用户选择该选项后，切换到画弧的状态，命令行出现提示：

指定圆弧的端点或［角度（A）/圆心（CE）/方向（D）/半宽（H）/直线（L）/半径（R）/第二个点（S）/放弃（U）/宽度（W）］：

按照提示继续绘制多段线，直到按<Enter>键结束命令为止。

（2）半宽（H）：设置多段线的半宽。

（3）直线（L）：给定新多线段直线的长度，延长方向为前一段直线的方向或前一段弧终点的切线方向。

（4）放弃（U）：取消上一步操作。

（5）宽度（W）：设置多段线的宽度。多段线的初始宽度和终止宽度可以不同，而且可以全段设置。

● 小提示

（1）当多段线的宽度大于 0 时，如果绘制闭合的多段线，则一定要用"闭合"选项才能使其完全封闭，否则起点与终点会出现一段缺口。

（2）在绘制多段线的过程中如果选择"放弃（U）"选项，则取消刚刚绘制的那一段多段线，当确定刚画的多段线有错误时，选择此选项。

（3）多段线的起点宽度值以前一次输入值为默认值，而终点宽度值是以起点宽度值为默认值。

（4）当使用"分解"命令对多段线进行分解时，多段线的线宽信息将会丢失。

2. 构造线

构造线是从一点开始，绘制一条或多条通过另一点或沿指定方向向两端无限延伸的直线。通常用于绘制三视图时，作为长对正、高平齐、宽相等的辅助线。在"绘图"工具栏中单击 ▨ 按钮，命令行提示如下：

命令：_xline

指定点或［水平（H）/垂直（V）/角度（A）/二等分（B）/偏移（O）］：

各选项含义如下。

（1）水平（H）：用于绘制通过给定点的水平构造线。

（2）垂直（V）：用于绘制通过给定点的铅垂构造线。

（3）角度（A）：用于绘制给定角度的构造线。

（4）二等分（B）：用于绘制给定角的角平分线。通过指定的角顶点，并且平分由顶点和另外两点（起点和端点）所决定的角，即构造线通过由三点所确定的角的角平分线。

（5）偏移（O）：用于绘制按给定相对基线的偏移量的构造线。该构造线可以按给定距离与已有直线平行，也可以通过指定的点与已有直线平行。

3. 射线

射线是指从指定起点向某一方向无限延伸的直线，通常仅作为辅助线使用。在"绘图"下拉菜单中单击"射线"命令（工具栏中无此命令按钮），命令行提示如下：

命令：_ray 指定起点

指定第一点后，命令行提示：

指定通过点：

指定第二点后作出一条以第一点为起点的射线，命令行会继续提示"RAY 指定通过点："，再次输入通过点后，则会继续画出与第一条射线具有相同起点的射线。

按<Esc>键，将退出绘制射线的命令。

4. 多线

多线由若干条平行线组成，系统默认的多线数为两条。操作方法是输入命令后，给定多线的起点和终点。该命令一般用于绘制公路、墙等由两条或多条平行线组成的对象。在"绘图"下拉菜单中单击"多线"命令（工具栏中无此命令按钮），命令行提示如下：

命令：_mline

当前设置：对正＝上，比例＝20.00，样式＝STANDARD

指定起点或 [对正（J）/比例（S）/样式（ST）]：

第二行显示了多线的当前设置，包括对正方式、偏移比例、线型样式等。第三行提示用户输入多线起点或其他选项。如果指定起点，AutoCAD 2020 则会不断提示输入下一点，逐段绘制出多线。

各提示选项含义如下。

（1）对正（J）：该选项决定了用户指定的顶点与多线之间的对正类型。有 3 种对正类型可供选择："上（T）""无（Z）""下（B）"。"上（T）"表示向上对齐，即多线中的每个元素都位于指定点的右下方；"无（Z）"表示偏移为 0，即指定点位于多线的中心线上；"下（B）"表示向下对齐，即每个元素都位于指定点的左上方。其含义如图 2-38 所示。

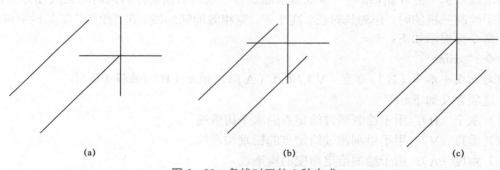

(a)   (b)   (c)

图 2-38　多线对正的 3 种方式

(a)"上（T）"选项；(b)"无（Z）"选项；(c)"下（B）"选项

（2）比例（S）：设置多线的偏移比例。例如，对于偏移量为 1 的元素，如果比例为 5，则实际绘制的偏移量为 5。

（3）样式（ST）：可以通过输入多线样式的名称来指定多线的样式。

多线样式与线型有些类似，它们都决定了线的外部特征，并都以文件的形式保存。默认条件下，AutoCAD 2020 将多线样式保存在 acad.mln 文件中。用户可以创建自己的.mln 文件来保存多线样式。

多线最多可以包含 16 条直线（称为元素）。多线样式控制着元素的数目以及每个元素的特性、背景颜色、端点的封闭形状等。创建或编辑多线样式使用"多线样式"（MLSTYLE）命令，在"格式"下拉菜单中单击"多线样式"命令，弹出"多线样式"对话框，如图 2-39 所示。定义和编辑多线样式都是通过这个对话框来完成的。

图 2-39 "多线样式"对话框

"多线样式"对话框功能介绍如下。

（1）"当前多线样式"标签：显示当前多线样式的名称（本例为 STANDARD），后面的所有编辑操作均针对当前样式。也可以输入新建的样式名称。对于新建样式，单击"置为当前"按钮，使其成为当前样式后，才可以设置其特征。

（2）"说明"文本框：在此文本框内可以为多线样式添加说明文字（最多可以输入 255 个字符）。

（3）"加载"按钮：从多线样式文件（.mln）中装入指定的样式。单击该按钮，AutoCAD 2020 将弹出"加载多线样式"对话框，如图 2-40 所示，该对话框显示了 acad.mln 文件中保存的多线样式，从中选择一个样式后单击"确定"按钮即装入了该样式。装入后的多线样式将显

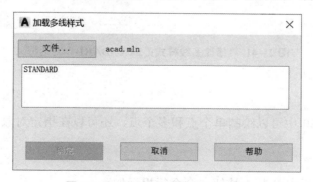

图 2-40 "加载多线样式"对话框

示在"当前"列表中。单击"文件"按钮可以选择其他.mln 文件。

（4）"保存"按钮：将"样式"列表中选中的多线样式保存到多线样式文件中。

（5）"重命名"按钮：重新命名当前选中的多线样式。只有新建的多线样式才能重命名，不能重命名软件自带的默认样式为 STANDARD。重命名时直接在该样式的"名称"文本框中输入新的名称即可。

（6）"修改"按钮：修改当前样式参数及说明。单击该按钮将弹出"修改多线样式：STANDARD"对话框，如图 2-41 所示。在该对话框中可以设置多线各元素的属性，包括元素个数、偏移量、颜色和线型。简要说明如下。

① "图元"列表：显示当前多线的所有元素及其偏移量、颜色和线型。

② "添加"按钮：添加新的多线元素。

③ "删除"按钮：删除在"图元"列表中选定的多线元素。

④ "偏移"文本框：设置选定元素的偏移量。

⑤ "颜色"下拉列表：可选择其下拉列表中已有的颜色选项，或选择"选择颜色"选项，系统弹出"选择颜色"对话框，用户可在此选择元素的颜色。

⑥ "线型"选项：单击该选项对应的"线型"按钮，系统弹出"选择线型"对话框，用户可在此选择元素的线型。

⑦ "封口"选项组：该部分的 4 个子项用于控制多线起点和终点的外观。

⑧ "填充"选项组：控制是否将多线填充以及控制要填充的颜色。

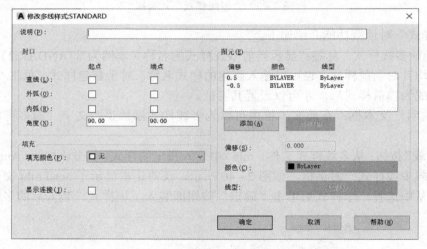

图 2-41 "修改多线样式：STANDARD"对话框

5. 点

在 AutoCAD 2020 中可以绘制单个点和多个点，还可以在指定对象上绘制定距和定数等分点。

1）绘制点

在"绘图"工具栏中单击 · 按钮，命令行提示如下：

命令：_point

当前点模式：PDMODE＝0　PDSIZE＝0.0000

指定点：

按提示操作可以依次画出多个点。

点可以有不同的显示特征，单击菜单栏中的"格式"→"点样式"命令，或直接在命令行输入"DDPTYPE"命令，均可打开"点样式"对话框，如图 2–42 所示。

单击该对话框中的任一标记符号，即选定该符号作为点样式的显示标记。"点大小"文本框用于输入点标记的尺寸数值。其数值可以用绝对尺寸或点标记占屏幕尺寸的百分比两种形式给定，用户可以单击该对话框左下方的两个单选按钮来选定数值的给定方式（相对于屏幕设置大小、按绝对单位设置大小）。

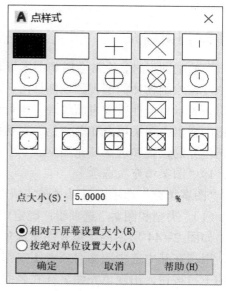

图 2–42　"点样式"对话框

2）用"MEASURE"命令绘制定距等分点

执行"MEASURE"命令可将点（或块）按指定的距离放置在对象上。在"绘图"下拉菜单中单击"点"→"定距等分"命令（工具栏中无此命令按钮），命令行提示如下：

命令：_measure

选择要定距等分的对象：

指定线段长度或［块（B）］：

若指定线段长度，则 AutoCAD 2020 等距离地将点放置在选定的对象上。若输入"B"，则插入块，AutoCAD 2020 在各等距点处放置一个图块。

● 小提示

（1）选择等分对象时，拾取点靠近指定对象的哪一端，则等分就从哪一端开始。

（2）定距等分实际上是提供了一个测量图形的长度，并按照指定距离标上标记，直到余下的部分不够一个指定距离为止。

3）用"DIVIDE"命令绘制定数等分点

"DIVIDE"命令用于等分一个选定的实体，并在等分点处放置标记符号或图块。在"绘图"下拉菜单中单击"点"→"定数等分"命令（工具栏中无此命令按钮），命令行提示如下：

命令：_divide

选择要定数等分的对象：

输入线段数目或［块（B）］：

需要输入 2～32 767 的整数，或选项关键字。

若输入线段数目，则 AutoCAD 2020 按输入的线段数目等分选定对象，并在等分点上绘制点标记。若输入"B"，则 AutoCAD 2020 将在等分点上插入块。

● 小提示

只有直线、弧、圆、多段线、样条曲线等可以等分，遇到不能等分的对象时系统会提示"不能等分该实体"。设置等分点的实体并没有被划分成断开的分段，而是在实体上的等分点处放置点标记，这些点标记可以用作目标捕捉的节点。用户输入的是等分段数，而不是放置点的个数。

6. 图案填充

在绘制图形时，经常会遇到图案填充。图案填充，就是将某种图案填充到某一指定区域。例如，在绘制物体的剖视图或断面时，需要用某种图案填充某个指定的区域。图案填充，一般用来表示材料性质或表面纹理，也可以用来填充地图的颜色。在"绘图"工具栏中单击 ▦ 按钮，弹出"图案填充和渐变色"对话框，如图 2-43 所示，或通过"HATCH"命令实现对填充边界的设置和选择填充图案。

1）"图案填充"选项卡

"图案填充"选项卡可以对图案填充进行简单、快速的设置。它主要包括以下内容。

（1）"类型和图案"选项组：确定填充图案的样式。单击"图案"选项右侧的 ▦ 按钮，将弹出如图 2-44 所示的"填充图案选项板"对话框，在该对话框中，显示系统提供的填充图案。用户在其中选中图案名或者图案图标后，单击"确定"按钮。或者单击"图案"选项右侧的下拉按钮，出现填充图案样式名的下拉列表，用户可从中选择，机械制图中常用的剖面线图案为 ANSI31。

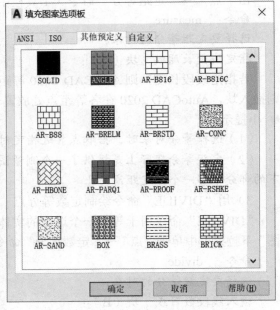

图 2-43　"图案填充和渐变色"对话框　　　图 2-44　"填充图案选项板"对话框

① "颜色"下拉列表：设置图案及其背景颜色。

② "样例"显示框：显示所选填充对象的图形及背景。

（2）"边界"选项组：确定用户指定边界的类型（有两种类型供用户选择）及对边界的其他操作。

　　①"添加：拾取点"：拾取闭合图形内部点进行填充。提示用户选取填充边界内的任意一点。注意：该边界必须封闭。

　　②"添加：选择对象"：拾取闭合图形外部边界进行填充。提示用户选取一系列构成边界的对象，以使系统获得填充边界。

　　③"删除边界"：从已确定的填充边界中取消系统自动计算或由用户指定的边界。单击该按钮，AutoCAD 2020 临时切换到绘图屏幕，并提示：

　　选择对象或［添加边界（A）］：

　　此时可以选择要删除的边界对象，也可以通过"添加边界（A）"选项确定新边界。删除或添加填充边界后按<Enter>键，AutoCAD 2020 返回到"图案填充和渐变色"对话框。

　　④"重新创建边界"：围绕选定的填充图案或填充对象创建多段线或面域，并使其与图案填充对象相关联（可选）。单击该按钮，AutoCAD 2020 临时切换到绘图屏幕，并提示：

　　输入边界对象类型［面域（R）多段线（P）］<当前>：

　　选择某一选项后，AutoCAD 2020 继续提示：

　　要重新关联图案填充于新边界吗？［是（Y）/否（N）］

　　此提示询问是否将新边界与填充的图案建立关联，根据需要确定即可（有关关联的概念详见后面对"关联"复选框的介绍）。

　　⑤"查看选择集"：查看已定义的填充边界。单击该按钮，AutoCAD 2020 临时切换到绘图屏幕，将已定义的填充边界以虚线形式显示。

　　（3）"角度"下拉列表：设置图案的旋转角。系统默认值为0。机械制图规定剖面线倾角为45°或135°，特殊情况下可以使用30°或60°。若选用图案 ANSI31，则当剖面线倾角为45°时，设置该值为0°；倾角为135°时，设置该值为90°。

　　（4）"比例"下拉列表：设置图案中线的间距，以保证剖面线有适当的疏密程度。系统默认值为1，数值越大，线的间距越大。

　　（5）"图案填充原点"选项组：此选项组用于确定生成填充图案时的起始位置。因为某些图案填充（如砖块图案）需要与图案填充边界上的某一点对齐，各选项功能如下。

　　①"使用当前原点"单选按钮：是默认情况，即所有填充图案的原点均对应于当前 UCS 的原点。

　　②"指定的原点"单选按钮：选中该按钮，可以通过指定点作为图案填充原点。其中，单击"单击以设置新原点"按钮，可以从图形显示视口中选择某一点作为图案填充原点；勾选"默认为边界范围"复选框，可以以填充边界的左下角、右下角、右上角、左上角或圆心作为图案填充原点；勾选"存储为默认原点"复选框，可以将指定的点存储为默认的图案填充原点。

　　（6）"选项"选项组：此选项组用于控制几个常用的图案填充设置，各选项功能如下。

　　①"注释性"复选框：指定所填充的图案是否为注释性图案。

　　②"关联"复选框：控制所填充的图案与填充边界是否建立关联。一旦建立了关联，当通过某些编辑命令修改填充边界后，对应的填充图案会给予更新，以与边界相适应。

　　③"创建独立的图案填充"复选框：控制当定义了几个独立的闭合边界时，是通过它们创建单一的图案填充对象（即在各个填充区域的填充图案属于一个对象），还是创建多个图案填充对象。

④"绘图次序"下拉列表：为填充图案指定绘图次序。填充的图案可以放在所有其他对象之后、所有其他对象之前、图案填充边界之后或图案填充边界之前等。

⑤"图层"下拉列表：在指定的图层绘制新填充的图案对象，从下拉列表中选择即可，其中"使用当前项"选项表示采用默认图层。

⑥"透明度"下拉列表：设置新填充图案对象的透明程度，从下拉列表中选择即可，其中"使用当前项"选项表示采用默认的对象透明度设置。

（7）"继承特性"按钮：选择图形中已有的填充图案作为当前填充图案。单击该按钮，AutoCAD 2020 临时切换到绘图屏幕，并提示：

选择图案填充对象：

继承特性：名称<ANGLE>，比例<1>，角度<0>

拾取内部点或［选择对象（S）/删除边界（B）］：

在此提示下可继续确定填充边界。如果按<Enter>键，则 AutoCAD 2020 返回到"图案填充和渐变色"对话框。

（8）"预览"按钮：单击该按钮，可预览图案填充效果。

（9）"确定"按钮：单击该按钮，可结束填充命令操作，并按用户所指定的方式进行图案填充。

在指定区域内填充完图形后，如果在此区域双击，则会弹出"图案填充和渐变色"对话框，即可修改图案填充的一些参数。

2）"渐变色"选项卡

在 AutoCAD 2020 中，可以使用"图案填充和渐变色"对话框的"渐变色"选项卡创建由一种或两种颜色形成的渐变色，并对图案进行填充，如图 2-45 所示，各选项功能如下。

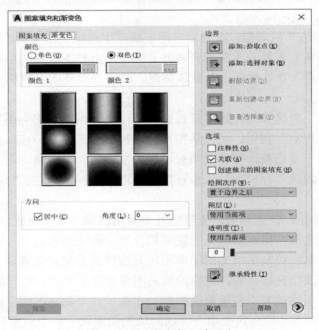

图 2-45 "渐变色"选项卡

①"单色"单选按钮：设置从较深着色到较浅色调平滑过渡的单色填充。选中此按钮，AutoCAD 2020 可显示"浏览"按钮和"色调"滑块。单击"浏览"按钮，将弹出"选择颜色"对话框，可以选择 AutoCAD 2020 索引颜色、真彩色或配色系统颜色，显示的默认颜色为图形的当前颜色；通过"色调"滑块，可以指定一种颜色的色调（选定颜色与白色的混合）或着色（选定颜色与黑色的混合）。

②"双色"单选按钮：设置两种颜色之间平滑过渡的双色渐变填充，此时 AutoCAD 2020 在"颜色 1"和"颜色 2"后分别显示带"浏览"按钮的颜色样本。

③"居中"复选框：设置对称的渐变配置。如果没有勾选该框，则渐变填充将向左上方变化，创建光源在对象左边的图案。

④"角度"下拉列表：设置渐变色填充的旋转角度，与指定给图案填充的角度互不影响。

⑤ 渐变图案预览窗口：显示当前设置的渐变色效果，共有 9 种。

⑥"预览"按钮：单击该按钮，可以观察颜色填充效果。

此外，在 AutoCAD 2020 中，渐变色最多只能由两种颜色创建，而且不能使用位图填充图形。

3）控制图案填充的可见性

有两种方法可以控制图案填充的可见性，一种是使用"FILL"命令或使用"FILLMODE"系统变量来实现；另一种是利用图层来实现。

（1）使用"FILL"命令和"FILLMODE"变量。

在命令行输入"FILL"命令，AutoCAD 2020 提示如下：

输入模式［开（ON）/关（OFF）］<开>：

如果将模式设置为"开"，则可以显示图案填充；如果将模式设置为"关"，则不显示图案填充。

如果"FILLMODE"系统变量的值为 0，则隐藏图案填充；如果"FILLMODE"系统变量的值为 1，则显示图案填充。

（2）使用图层控制。

将图案填充单独放在一个图层里，当不需要显示图案填充时，将图案所在的层关闭或冻结。使用图层控制图案填充的可见性时，不同的控制方式会使图案填充与其边界的关联发生变化，其特点如下。

① 当图案填充所在的图层被关闭后，图案与其边界仍然保持着关联关系，即修改边界后，填充图案会根据新的边界自动调整位置。

② 当图案填充所在的图层被冻结后，图案与其边界脱离关联关系，即修改边界后，填充图案不会根据新的边界自动调整位置。

③ 当图案填充所在的图层被锁定后，图案与其边界脱离关联关系，即修改边界后，填充图案不会根据新的边界自动调整位置。

● 小提示

（1）填充边界可以是圆、椭圆、多边形等封闭的图形，也可以是由直线、曲线、多段线等围成的封闭区域。

（2）在选择对象时，一般应用"拾取点"来选择边界。这种方法既快又准确，而"选择对象"只是作为补充手段。

（3）边界图形必须封闭。

（4）边界不能重复选择。

拓展训练

1. 按尺寸绘制以下所示图形并存盘，不必标注尺寸，文件名为"姓名–项目 2–3 拓展训练"。

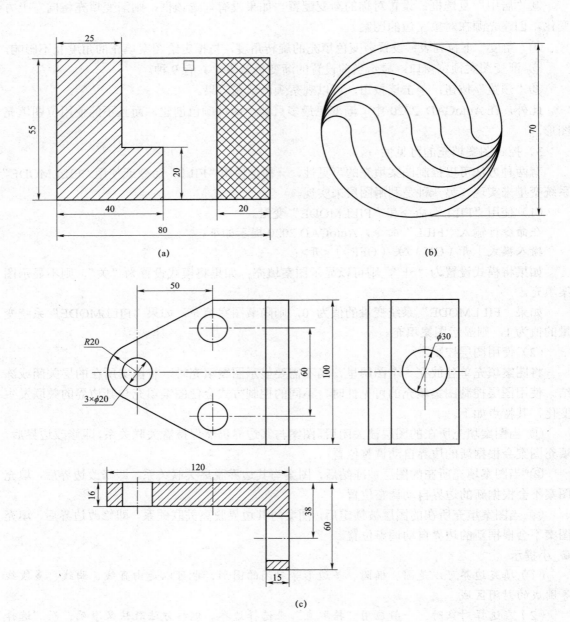

(a)

(b)

(c)

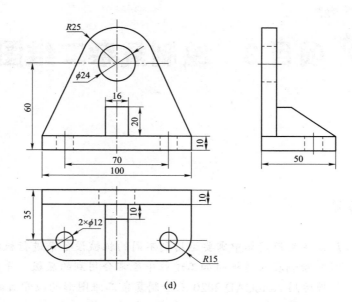

(d)

2. 按本项目任务要求，完成图形绘制。

项目3 绘制复杂二维图形

项目描述

木业人造板厂家在生产实际中需要运用到不同的机械设备来进行板材加工，本项目通过使用 AutoCAD 2020 绘制在人造板材加工过程中经常会用到的底板、手柄、斜板和槽轮等零部件为例，达到掌握运用 AutoCAD 2020 来绘制复杂二维图形的教学目的。

本项目将从绘制简单底板图形开始，说明复杂图形的绘制技巧与方法。按如下要求绘制如图 3-1 所示图形。

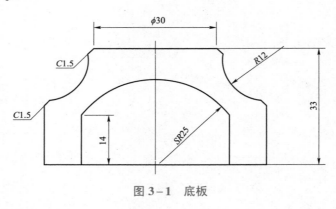

图 3-1　底板

要求如下。

（1）设置绘图环境：

① 设置绘图单位，设置长度类型为小数，精度为 0.00，角度类型为十进制，精度为 0.0。

② 图形界限为 A4 图幅（210×297）。

（2）设置图层：设置图层名、颜色、线型和线宽，如表 3-1 所示。

表 3-1　设置图层

图层名	颜色	线型	线宽/mm
粗实线	黑色	Continuous	0.5
细实线	绿色	Continuous	0.25
中心线	红色	CENTER	0.25

（3）按 1:1 比例绘制图形。

（4）将绘制完成的图形文件保存到桌面，并命名为"项目任务 3-1"。

🌀 项目思政

　　本项目所绘制的底板、手柄、斜板和槽轮等都是人造板材加工中经常要用到的机械设备零件，同学们在掌握 AutoCAD 平面图绘制技能的同时也要了解和掌握这些零件的结构以及工作原理，要全面系统地学习人造板材加工知识，这样才能在今后的工作中做到得心应手，力争做到精益求精。

　　绘制复杂二维图形是掌握 AutoCAD 平面图绘制的重点技能，我们在学习一项技能时必须要遵循循序渐进、由浅入深的客观规律，在不断的学习与训练中掌握相关的技能，不要妄想不下苦功就能一蹴而就地掌握技能，实现飞跃。

任务 1　绘 制 底 板

任务描述

　　本次任务我们主要是使用 AutoCAD 2020 来完成底板的绘制，如图 3-2 所示，在使用过程中完成"复制""阵列""比例缩放"等命令的基本操作。

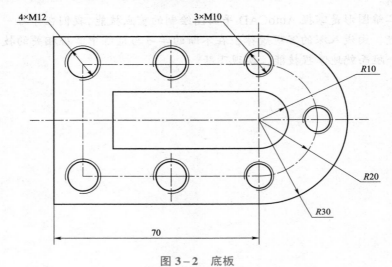

图 3-2　底板

任务目标

　　（1）掌握 AutoCAD 2020 复制对象的方法。

　　（2）掌握 AutoCAD 2020 阵列对象的方法。

　　（3）掌握 AutoCAD 2020 比例缩放对象的方法。

任务分组

班级		组号		指导老师	
组长		学号			
组员					

任务准备

　　引导问题 1：AutoCAD 2020 中的复制有哪几种方法？

引导问题 2：AutoCAD 2020 的阵列主要用在什么情况下？

引导问题 3：AutoCAD 2020 的比例缩放有哪些注意事项？

任务实施

本任务介绍绘制图 3-2 所示底板的方法和步骤，主要涉及"复制""阵列""缩放"命令。绘制过程如下。

（1）设置绘图环境，操作过程略。

（2）在"点画线"图层绘制中心线及 60×40 的矩形和 R20 的圆，修剪后如图 3-3 所示。

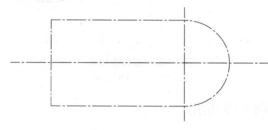

绘制底板

图 3-3　绘制并修剪矩形和 R20 的圆

（3）分别向两个方向偏移矩形和圆弧，偏移距离为 10，如图 3-4 所示。

（4）采用变换图层的方法将偏移后的图线修改为粗实线，如图 3-5 所示。

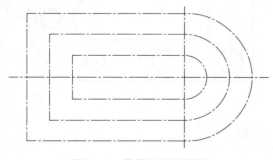

图 3-4　偏移矩形和圆弧

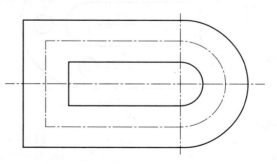

图 3-5　将偏移后的图线修改为粗实线

（5）绘制 M10 的螺纹孔，如图 3-6 所示。

（6）用"复制"命令复制螺纹孔，如图 3-7 所示。

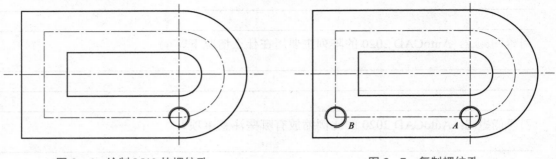

图 3-6 绘制 M10 的螺纹孔   图 3-7 复制螺纹孔

（7）用"缩放"命令放大螺纹孔，缩放比例为 1.2（即由原 M10 放大到 M12），如图 3-8 所示。

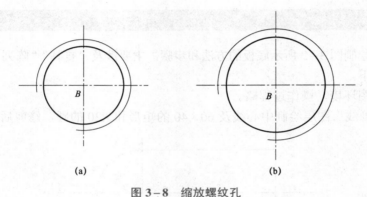

（a）   （b）

图 3-8 缩放螺纹孔

（a）缩放前；（b）缩放后

（8）阵列螺纹孔，如图 3-9 所示。

（9）保存图形文件。

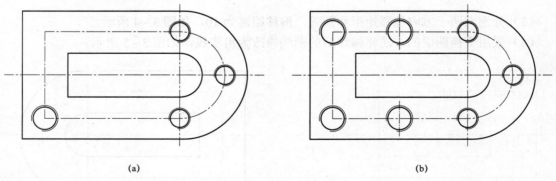

（a）   （b）

图 3-9 阵列螺纹孔

（a）环形阵列后；（b）矩形阵列后

任务评价

各组代表展示作品，介绍任务的完成过程，并完成表 3-2～表 3-4 所示的评价表。

表 3-2　学生自评表

班级：	姓名：		学号：	
任务：绘制底板				
评价项目	评价标准		分值	得分
学习态度	学习态度端正，热爱学习、提前预习		20	
学习习惯	勤奋好学、工作习惯良好		20	
上课纪律	课堂积极，无迟到、早退、旷课现象		20	
实践练习	思路清晰，绘图操作步骤正确、绘制的图形正确		20	
职业素养	安全生产、保护环境、爱护设施		20	
合计				

表 3-3　小组互评表

任务：绘制底板					
评价项目	分值	等级			评价对象__组
计划合理	10	优 10	良 8	中 6	差 4
方案准确	10	优 10	良 8	中 6	差 4
团队合作	10	优 10	良 8	中 6	差 4
组织有序	10	优 10	良 8	中 6	差 4
工作质量	10	优 10	良 8	中 6	差 4
工作效率	10	优 10	良 8	中 6	差 4
工作完整	10	优 10	良 8	中 6	差 4
工作规范	10	优 10	良 8	中 6	差 4
成果展示	20	优 20	良 16	中 12	差 8
合计					

表 3−4　教师评价表

班级：	姓名：		学号：	
任务：绘制底板				
评价项目	评价标准		分值	得分
考勤	无迟到、旷课、早退现象		10	
完成时间	60 分钟满分，每多 10 分钟减 1 分		10	
理论填写	正确率 100%为 20 分		20	
绘图规范	操作规范、绘制图形美观正确		10	
技能训练	绘制正确满分为 20 分		20	
协调能力	与小组成员之间合作交流		10	
职业素养	安全工作、保护环境、爱护设施		10	
成果展示	能准确汇报工作成果		10	
合计				
综合评价	自评（20%）	小组互评（30%）	教师评价（50%）	综合得分

任务总结

（1）通过完成上述任务，你学到了哪些知识和技能？

_____

_____

（2）在绘图过程中，有哪些需要注意的事项？

_____

_____

_____

知识学习

1. 复制对象

利用"复制"命令可以将选中的对象复制一个或多个到指定的位置。调用命令的方式如下。

菜单栏：单击"修改"→"复制"命令。

工具栏：单击"修改"→"复制"按钮。

命令行：输入"COPY""CO"或"CP"。

复制对象有两种方式：一种是指定两点方式，另一种是指定位移方式。

（1）指定两点复制对象：先指定基点，随后指定第二个点，即以输入的两个点来确定复制的方向和距离。

（2）指定位移复制对象：直接输入被复制对象的位移（即相对距离）。

2. 阵列对象

利用"阵列"命令可以将指定对象以矩形或环形排列方式进行复制。调用命令的方式如下。

菜单栏：单击"修改"→"阵列"命令。

工具栏：单击"修改"→"阵列"按钮。

命令行：输入"ARRAY"或"AR"。

阵列对象有环形阵列和矩形阵列两种方式。

（1）环形阵列对象：环形阵列能将选定的对象绕一个中心点做圆形或扇形排列复制，"环形阵列"工具栏如图3－10所示，环形阵列效果如图3－11所示。

图3－10　"环形阵列"工具栏

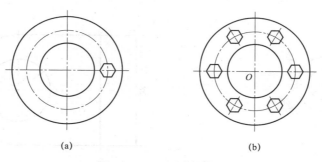

(a)　　　　　　　　　　　　　　　(b)

图3－11　环形阵列效果

（a）阵列前；（b）阵列后

（2）矩形阵列对象：矩形阵列能将选定的对象按指定的行数和行间距、列数和列间距做矩形排列复制，"矩形阵列"工具栏如图3－12所示，矩形阵列效果如图3－13所示。

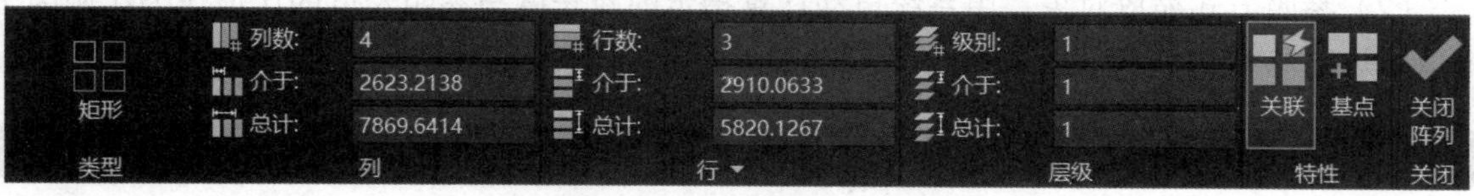

图3－12　"矩形阵列"工具栏

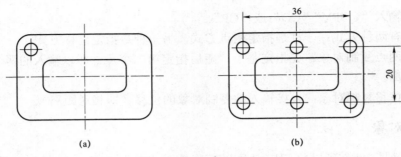

图 3-13　矩形阵列效果

（a）阵列前；（b）阵列后

3. 缩放对象

利用"缩放"命令可以将选定的对象以指定的基点为中心按指定的比例放大或缩小，调用命令的方式如下。

菜单栏：单击"修改"→"缩放"命令。

工具栏：单击"修改"→"缩放"按钮。

命令行：输入"SCALE"或"SC"。

该命令有两种缩放方式，即指定比例因子缩放和参照方式缩放。

（1）指定比例因子缩放对象：通过直接输入比例因子缩放对象，图 3-14 为耳板的缩放，其比例因子为 2，缩放基点为点 B（当然也可以是其他点）。

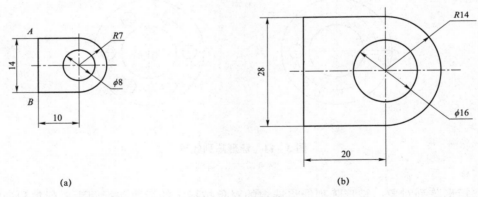

图 3-14　缩放图形

（a）缩放前；（b）缩放后

（2）参照方式缩放对象：由系统自动计算指定的新长度与参照长度的比值作为比例因子缩放所选对象。

拓展训练

按尺寸绘制以下所示图形并存盘，不必标注尺寸，文件名为"姓名-项目 3-1 拓展训练"。

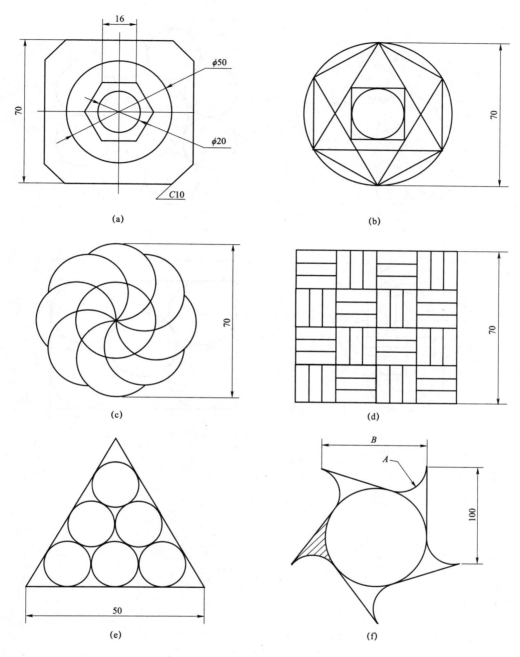

(a)

(b)

(c)

(d)

(e)

(f)

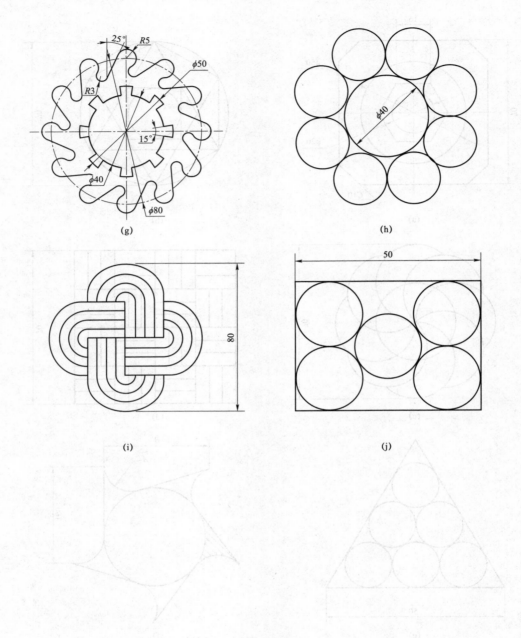

任务 2　绘 制 手 柄

任务描述

本次任务我们主要是使用 AutoCAD 2020 来完成手柄的绘制，如图 3−15 所示。在绘制过程中，学习部分编辑修改命令的正确操作方法，并熟练掌握。

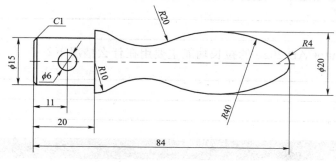

图 3−15　手柄

任务目标

（1）掌握 AutoCAD 2020 移动对象的方法。
（2）掌握 AutoCAD 2020 延伸对象的方法。
（3）掌握 AutoCAD 2020 镜像对象的方法。
（4）掌握 AutoCAD 2020 拉长对象的方法。

任务分组

班级		组号		指导老师	
组长		学号			
组员					

任务准备

引导问题 1：利用 AutoCAD 2020 移动对象有哪几种方法？

_____

_____

引导问题 2：AutoCAD 2020 的移动功能主要用在什么情况下？

引导问题 3：AutoCAD 2020 延伸对象时有哪些注意事项？

引导问题 4：AutoCAD 2020 实现镜像功能应该如何操作？

引导问题 5：AutoCAD 2020 的拉长功能主要用在什么情况下？

任务实施

本任务介绍绘制图 3-15 所示手柄的方法和步骤，主要涉及"移动""延伸""镜像""倒角""拉长"命令。

绘制过程如下。

（1）设置绘图环境，操作过程略。

（2）绘制 20×15 的矩形，并将其分解。

（3）在矩形左侧边的中点处绘制水平中心线，长度为 84。向上偏移该直线，偏移距离为 10，如图 3-16 所示。

图 3-16　绘制矩形并分解、偏移中心线

（4）以点 O 为圆心绘制 R10 和 R4 的两个同心圆，如图 3-17 所示。

图 3-17　绘制 R10、R4 的两个同心圆

（5）用"移动"命令平移 R4 的圆，移动距离为 60，如图 3-18 所示。

图 3-18 移动 *R*4 的圆

（6）用"切点、切点、半径（T）"方式绘制 *R*40 的圆；用"圆角"命令绘制 *R*20 的圆弧，如图 3-19 所示。

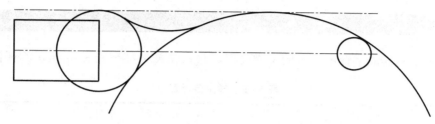

图 3-19 绘制 *R*40 的圆和 *R*20 的圆弧

（7）用"延伸"命令以 *R*10 的圆为边界延伸矩形的右侧边 *AB*，如图 3-20 所示。

（8）用"镜像"命令镜像复制另一半图形，如图 3-21 所示。

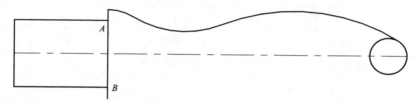

图 3-20 延伸并修剪多余图线

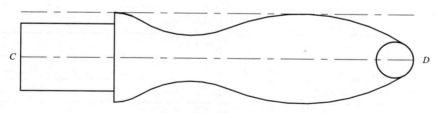

图 3-21 镜像得到另一半图形

（9）绘制 ϕ6 的圆及其中心线。

（10）用"倒角"命令绘制 *C*1 倒角，并绘制垂直线，如图 3-22 所示。

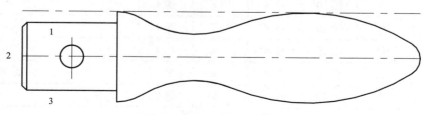

图 3-22 绘制 *R*6 的圆和倒角

（11）删除多余线，用"拉长"命令动态调整中心线的长度完成全图，如图3-23所示。

（12）保存图形文件。

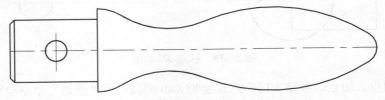

图3-23 删除多余线，拉长中心线

任务评价

各组代表展示作品，介绍任务的完成过程，并完成表3-5～表3-7所示的评价表。

表3-5 学生自评表

班级：	姓名：		学号：	
任务：绘制手柄				
评价项目	评价标准		分值	得分
学习态度	学习态度端正，热爱学习、提前预习		20	
学习习惯	勤奋好学、工作习惯良好		20	
上课纪律	课堂积极，无迟到、早退、旷课现象		20	
实践练习	思路清晰，绘图操作步骤正确、绘制的图形正确		20	
职业素养	安全生产、保护环境、爱护设施		20	
合计				

表3-6 小组互评表

任务：绘制手柄					
评价项目	分值	等级			评价对象__组
计划合理	10	优 10	良 8	中 6	差 4
方案准确	10	优 10	良 8	中 6	差 4
团队合作	10	优 10	良 8	中 6	差 4
组织有序	10	优 10	良 8	中 6	差 4
工作质量	10	优 10	良 8	中 6	差 4
工作效率	10	优 10	良 8	中 6	差 4
工作完整	10	优 10	良 8	中 6	差 4
工作规范	10	优 10	良 8	中 6	差 4
成果展示	20	优 20	良 16	中 12	差 8
合计					

表 3-7　教师评价表

班级：	姓名：		学号：	
任务：绘制手柄				
评价项目	评价标准		分值	得分
考勤	无迟到、旷课、早退现象		10	
完成时间	60 分钟满分，每多 10 分钟减 1 分		10	
理论填写	正确率 100% 为 20 分		20	
绘图规范	操作规范、绘制图形美观正确		10	
技能训练	绘制正确满分为 20 分		20	
协调能力	与小组成员之间合作交流		10	
职业素养	安全工作、保护环境、爱护设施		10	
成果展示	能准确汇报工作成果		10	
合计				
综合评价	自评（20%）	小组互评（30%）	教师评价（50%）	综合得分

任务总结

（1）通过完成上述任务，你学到了哪些知识和技能？

_____

_____

（2）在绘图过程中，有哪些需要注意的事项？

_____

_____

_____

知识学习

1. 移动对象

利用"移动"命令可以将选中的对象移到指定的位置，调用命令的方式如下。

菜单栏：单击"修改"→"移动"命令。

工具栏：单击"修改"→"移动"按钮。

命令行：输入"MOVE"或"M"。

移动对象有两种方式，一种是指定两点方式，另一种是指定位移方式。

（1）指定两点移动对象：先指定基点，随后指定第二个点，以输入的两个点来确定移动的方向和距离。

（2）指定位移移动对象：直接输入被移动对象的位移（即相对距离）。

2. 延伸对象

利用"延伸"命令可以将指定的对象延伸到选定的边界，调用命令的方式如下。

菜单栏：单击"修改"→"延伸"命令。

工具栏：单击"修改"→"延伸"按钮。

命令行：输入"EXTEND"或"EX"。

延伸对象有两种方式，一种是普通方式，另一种是延伸模式。

（1）普通方式延伸对象：当边界与被延伸对象实际相交时，可以采用普通方式延伸对象。如图 3−24 所示，以圆弧为边界，采用普通方式延伸水平直线。

(a)　　　　　　　　　　　　　　　　(b)

图 3−24　普通方式延伸对象

（a）延伸前；（b）延伸后

（2）延伸模式延伸对象：如果边界与被延伸对象不相交，则可以采用延伸模式延伸对象，如图 3−25 所示。

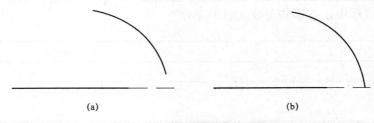

(a)　　　　　　　　　　　　　　　　(b)

图 3−25　延伸模式延伸对象

（a）延伸前；（b）延伸后

3. 镜像对象

利用"镜像"命令可以将选中的对象沿一条指定的直线进行对称复制，源对象可删除也可以不删除，如图 3−26 所示。

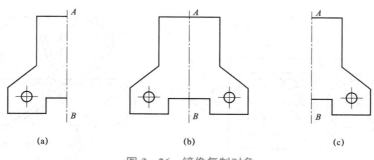

(a)　　　　　　　　　(b)　　　　　　　　　(c)

图 3-26　镜像复制对象

（a）镜像前；（b）镜像后（不删除源对象）；（c）镜像后（删除源对象）

调用"镜像"命令的方式如下。

菜单栏：单击"修改"→"镜像"命令。

工具栏：单击"修改"→"镜像"按钮。

命令行：输入"MIRROR"或"MI"。

4. 拉长对象

利用"拉长"命令可以拉长或缩短直线、圆弧的长度，调用命令的方式如下。

菜单栏：单击"修改"→"拉长"命令。

工具栏：单击"修改"→"拉长"按钮。

拉长对象有增量、百分数、全部、动态 4 种方式。

（1）指定增量拉长或缩短对象：通过输入长度增量拉长或缩短对象，也可以通过输入角度增量拉长或缩短圆弧，输入正值为拉长，输入负值则为缩短。

（2）指定百分数拉长或缩短对象：通过指定对象总长度的百分数改变对象长度。若输入的值大于 100，则拉长所选对象；若输入的值小于 100，则缩短所选对象。

（3）全部拉长或缩短对象：通过指定对象的总长度来改变选定对象的长度，也可以按照指定的总角度来改变选定圆弧的包含角。

（4）动态拉长或缩短对象：通过拖动选定对象的端点来改变其长度。

拓展训练

按尺寸绘制以下所示图形并存盘，不必标注尺寸，文件名为"姓名 - 项目 3-2 拓展训练"。

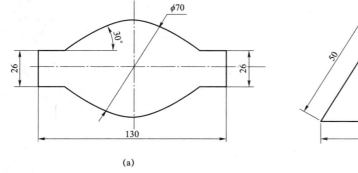

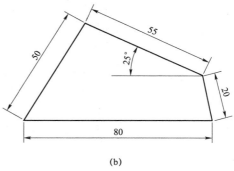

(a)　　　　　　　　　　　　　　　　　　(b)

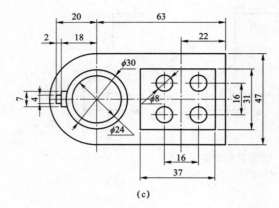

（c）

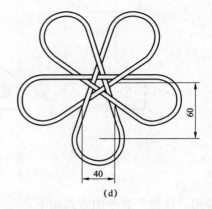

（d）

任务 3　绘 制 斜 板

任务描述

本次任务我们主要是使用 AutoCAD 2020 来完成斜板的绘制，如图 3–27 所示，在使用过程中完成"旋转""对齐"等命令的基本操作。

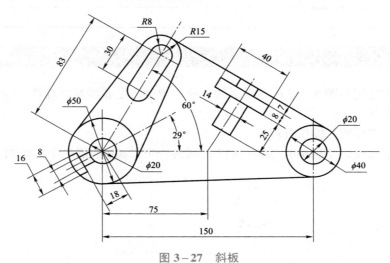

图 3–27　斜板

任务目标

（1）掌握 AutoCAD 2020 旋转对象的方法。

（2）掌握 AutoCAD 2020 对齐对象的方法。

任务分组

班级		组号		指导老师	
组长		学号			
组员					

任务准备

引导问题 1：AutoCAD 2020 中旋转对象有哪几种方法？

引导问题 2：AutoCAD 2020 的对齐功能主要用在什么情况下？

引导问题 3：AutoCAD 2020 对齐对象时有哪些注意事项？

任务实施

本任务介绍绘制如图 3-27 所示斜板的方法和步骤，主要涉及"旋转""对齐"命令。绘制过程如下。

（1）设置绘图环境，操作过程略。

（2）绘制中心线，绘制 $\phi50$、$\phi40$、$R15$ 的圆各一个，$\phi20$ 的圆两个，如图 3-28 所示。

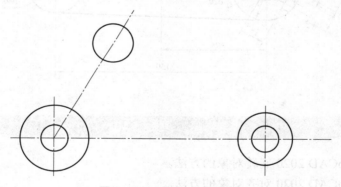

绘制斜板

图 3-28　绘制中心线及圆

（3）绘制切线及倾斜的中心线，如图 3-29 所示。

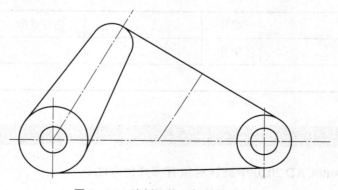

图 3-29　绘制切线及倾斜的中心线

（4）用"直线"命令配合"极轴""对象追踪"工具在 $\phi20$ 的圆的正左方绘制倾斜部分 A，如图 3−30 所示。

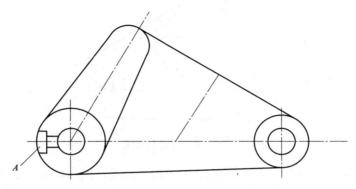

图 3−30 绘制图形 A

（5）用"旋转"命令，将图形 A 旋转 29°，另外在图形外绘制倾斜部分 B 和 C，如图 3−31 所示。

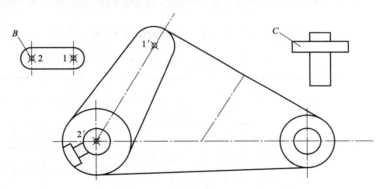

图 3−31 旋转图形 A，绘制图形 B、C

（6）利用"对齐"命令将倾斜部分 B 对齐到图形中，如图 3−32 所示。

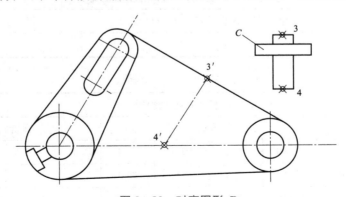

图 3−32 对齐图形 B

（7）利用"对齐"命令将倾斜部分 C 对齐到图形中，如图 3−33 所示。

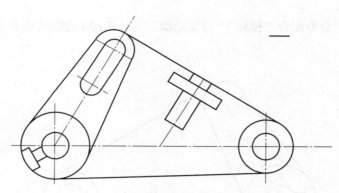

图 3-33　对齐图形 C

（8）修剪并删除多余图线，绘制倾斜部分 A 的中心线，用"拉长"命令修改倾斜部分 C 的中心线及水平中心线，完成全图。

（9）保存图形文件。

任务评价

各组代表展示作品，介绍任务的完成过程，并完成表 3-8～表 3-10 所示的评价表。

表 3-8　学生自评表

班级：		姓名：		学号：	
任务：绘制斜板					
评价项目	评价标准			分值	得分
学习态度	学习态度端正，热爱学习、提前预习			20	
学习习惯	勤奋好学、工作习惯良好			20	
上课纪律	课堂积极，无迟到、早退、旷课现象			20	
实践练习	思路清晰，绘图操作步骤正确、绘制的图形正确			20	
职业素养	安全生产、保护环境、爱护设施			20	
合计					

表 3-9　小组互评表

任务：绘制斜板						
评价项目	分值	等级				评价对象__组
计划合理	10	优 10	良 8	中 6	差 4	
方案准确	10	优 10	良 8	中 6	差 4	
团队合作	10	优 10	良 8	中 6	差 4	
组织有序	10	优 10	良 8	中 6	差 4	
工作质量	10	优 10	良 8	中 6	差 4	

续表

评价项目	分值	等级				评价对象__组
工作效率	10	优 10	良 8	中 6	差 4	
工作完整	10	优 10	良 8	中 6	差 4	
工作规范	10	优 10	良 8	中 6	差 4	
成果展示	20	优 20	良 16	中 12	差 8	
合计						

表 3-10 教师评价表

班级：		姓名：		学号：	
任务：绘制斜板					
评价项目	评价标准			分值	得分
考勤	无迟到、旷课、早退现象			10	
完成时间	60 分钟满分，每多 10 分钟减 1 分			10	
理论填写	正确率 100% 为 20 分			20	
绘图规范	操作规范、绘制图形美观正确			10	
技能训练	绘制正确满分为 20 分			20	
协调能力	与小组成员之间合作交流			10	
职业素养	安全工作、保护环境、爱护设施			10	
成果展示	能准确汇报工作成果			10	
合计					
综合评价	自评（20%）	小组互评（30%）	教师评价（50%）	综合得分	

任务总结

（1）通过完成上述任务，你学到了哪些知识和技能？

_____

_____

（2）在绘图过程中，有哪些需要注意的事项？

_____

_____

_____

1. 旋转对象

利用"旋转"命令能将选定的对象绕指定中心点旋转，调用命令的方式如下。

菜单栏：单击"修改"→"旋转"命令。

工具栏：单击"修改"→"旋转"按钮。

命令行：输入"ROTATE"或"RO"。

该命令有指定角度旋转对象、旋转并复制对象、参照方式旋转对象 3 种方式。

（1）指定角度旋转对象：在选择基点（即旋转中心），输入旋转角度后，将选定的对象绕指定的基点旋转指定的角度，如图 3–34 所示的耳板。

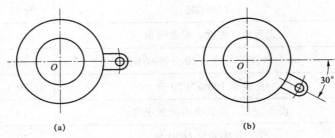

图 3–34　指定角度旋转对象

（a）旋转前；（b）绕点 *O* 旋转 30°后

（2）旋转并复制对象：使用"旋转"命令的"复制（C）"选项，在旋转对象的同时还能保留源对象，如图 3–35 所示。

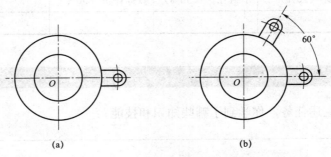

图 3–35　旋转并复制对象

（a）旋转复制前；（b）旋转复制后

（3）参照方式旋转对象：可通过指定参照角度和新角度将对象从指定的角度旋转到新的绝对角度，如图 3–36 所示。

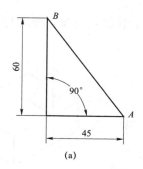 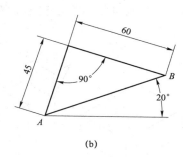

图 3-36 参照方式旋转对象

(a) 旋转前;(b) 旋转后

2. 对齐对象

利用"对齐"命令可以将选定对象移动、旋转或倾斜,使之与另一个对象对齐,调用命令的方式如下。

菜单栏:单击"修改"→"三维操作"→"对齐"命令。

命令行:输入"ALIGN"或"AL"。

该命令有用一对点对齐、用两对点对齐、用三对点对齐 3 种方式。

(1)用一对点对齐两对象:能将选定对象从源位置移动到目标位置,此时"对齐"命令的作用与"移动"命令的作用相同,如图 3-37 所示(注:图 3-37 中第一源点为 1,第一目标点为 1')。

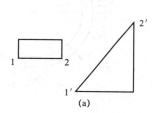 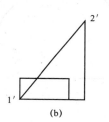

图 3-37 用一对点对齐两对象

(a) 对齐前;(b) 对齐后

(2)用两对点对齐两对象:可以移动、旋转和缩放选定对象,如图 3-38 所示(注:图 3-38 中第一源点为 1,第一目标点为 1';第二源点为 2,第二目标点为 2')。

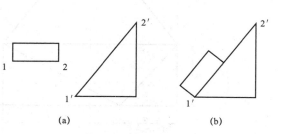

图 3-38 用两对点对齐两对象

(a) 对齐前;(b) 对齐、旋转后;(c) 缩放对象

（3）用三对点对齐两对象：可以在三维空间移动和旋转选定对象，使之与其他对象对齐，如图 3-39 所示。

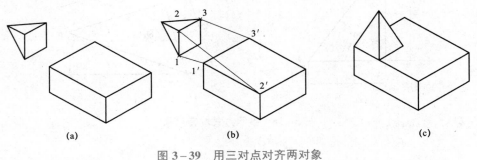

图 3-39　用三对点对齐两对象

（a）对齐前；（b）源点与对齐点；（c）对齐后

拓展训练

按尺寸绘制以下所示图形并存盘，不必标注尺寸，文件名为"姓名-项目 3-3 拓展训练"。

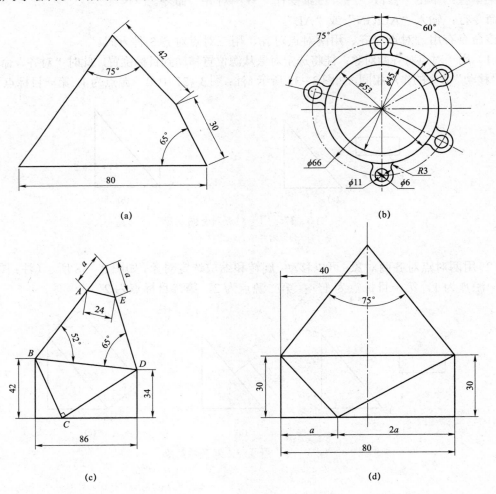

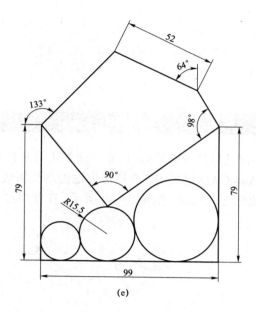

(e)

任务 4 绘制槽轮

任务描述

在绘制机械图形时，有时候可以巧妙地运用布尔运算工具来进行绘图。布尔运算是数学中的一种逻辑运算，用在 AutoCAD 绘图中，能够极大地提高绘图效率。本次任务我们主要是使用 AutoCAD 2020 来完成槽轮的绘制，如图 3-40 所示。在使用过程中完成"创建面域""布尔运算"等基本操作。

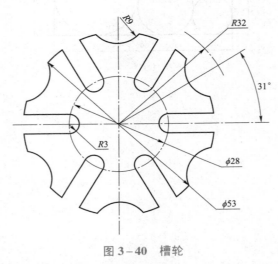

图 3-40 槽轮

任务目标

（1）掌握 AutoCAD 2020 创建面域的方法。
（2）掌握 AutoCAD 2020 布尔运算的方法。

任务分组

班级		组号		指导老师	
组长		学号			
组员					

任务准备

引导问题 1：AutoCAD 2020 中创建面域的方法有哪些？

引导问题 2：AutoCAD 2020 中布尔运算的方法有哪些？

引导问题 3：AutoCAD 2020 布尔运算中并运算、交运算和差运算的方法有哪些？

任务实施

本任务介绍绘制如图 3-40 所示槽轮的方法和步骤，主要涉及的命令有"面域""布尔运算"。

绘制过程如下。

（1）设置绘图环境，操作过程略。

（2）绘制中心线及 $\phi53$、$\phi28$、$R3$、$R9$ 的圆各一个，如图 3-41 所示。

绘制槽轮

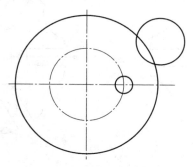

图 3-41　绘制中心线和圆

（3）绘制一个矩形。矩形的一个角点在 $R3$ 的圆的上象限点或下象限点上，另一角点在 $\phi53$ 的圆之外（矩形宽为 6，长度可任意，但必须超出 $\phi53$ 的圆），如图 3-42 所示。

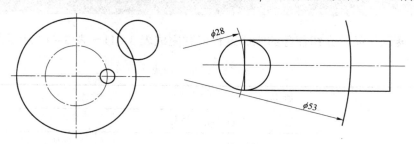

图 3-42　绘制矩形

（4）用"面域"命令将圆 A、B、D 及矩形 C 创建为面域，如图 3−43 所示。

（5）环形阵列 A、C、D 3 个面域，阵列中心为点 O，项目总数为 6，填充角度为 360°，阵列后如图 3−44 所示。

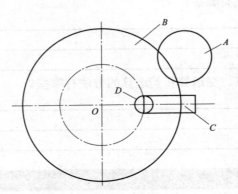

图 3−43　创建面域

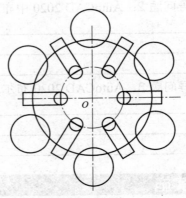

图 3−44　环形阵列

（6）使用"差集"命令，用面域 B 减去其余所有的面域，如图 3−45（a）所示。

（7）使用"夹点"编辑中的"拉伸"方式，调整中心线，如图 3−45（b）所示。

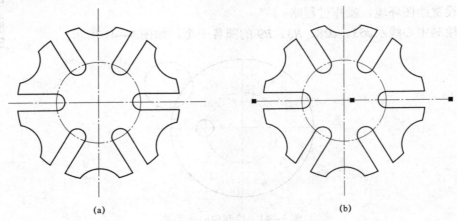

(a)　　　　　　　　　　　　　　　(b)

图 3−45　差集运算、拉伸中心线

(a) 差运算；(b) 使用夹点编辑，调整中心线

任务评价

各组代表展示作品，介绍任务的完成过程，并完成表 3−11～表 3−13 所示的评价表。

表 3−11　学生自评表

班级：	姓名：		学号：	
任务：绘制槽轮				
评价项目	评价标准		分值	得分
学习态度	学习态度端正，热爱学习、提前预习		20	

评价项目	评价标准	分值	得分
学习习惯	勤奋好学、工作习惯良好	20	
上课纪律	课堂积极，无迟到、早退、旷课现象	20	
实践练习	思路清晰，绘图操作步骤正确、绘制的图形正确	20	
职业素养	安全生产、保护环境、爱护设施	20	
合计			

表3-12 小组互评表

任务：绘制槽轮						
评价项目	分值	等级				评价对象__组
计划合理	10	优10	良8	中6	差4	
方案准确	10	优10	良8	中6	差4	
团队合作	10	优10	良8	中6	差4	
组织有序	10	优10	良8	中6	差4	
工作质量	10	优10	良8	中6	差4	
工作效率	10	优10	良8	中6	差4	
工作完整	10	优10	良8	中6	差4	
工作规范	10	优10	良8	中6	差4	
成果展示	20	优20	良16	中12	差8	
合计						

表3-13 教师评价表

班级：		姓名：	学号：	
任务：绘制槽轮				
评价项目	评价标准		分值	得分
考勤	无迟到、旷课、早退现象		10	
完成时间	60分钟满分，每多10分钟减1分		10	
理论填写	正确率100%为20分		20	
绘图规范	操作规范、绘制图形美观正确		10	
技能训练	绘制正确满分为20分		20	

评价项目	评价标准		分值	得分
协调能力	与小组成员之间合作交流		10	
职业素养	安全工作、保护环境、爱护设施		10	
成果展示	能准确汇报工作成果		10	
合计				
综合评价	自评（20%）	小组互评（30%）	教师评价（50%）	综合得分

任务总结

（1）通过完成上述任务，你学到了哪些知识和技能？

_____

_____

（2）在绘图过程中，有哪些需要注意的事项？

_____

_____

_____

知识学习

1. 创建面域

面域是二维的平面，利用"面域"命令可以将二维闭合线框转化为面域，如将图 3-46 所示的二维闭合线框（线框圆）转化为图 3-47 所示的面域（圆平面）。

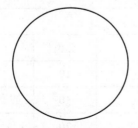

图 3-46 二维闭合线框

图 3-47 面域

调用"面域"命令的方式如下。

菜单栏：单击"绘图"→"面域"命令。

工具栏：单击"绘图"→"面域"按钮。

命令行：输入"REGION"或"REG"。

2. 布尔运算

AutoCAD 2020中的布尔运算，是指对面域或实体进行"并""交""差"布尔运算，以创建新的面域或实体。

（1）并运算：通过"并集"命令将多个面域或实体合并为一个新面域（见图3-48）或新实体（见图3-49），调用命令的方式如下。

菜单栏：单击"修改"→"实体编辑"→"并集"命令。

工具栏：单击"建模"→"并集"按钮。

命令行：输入"UNION"或"UNI"。

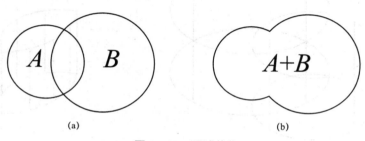

图3-48 面域并集

（a）并集前；（b）并集后

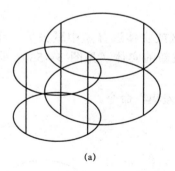 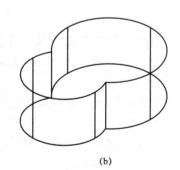

图3-49 实体并集

（a）并集前；（b）并集后

（2）交运算：通过"交集"命令将多个面域或实体相交的部分创建为一个新面域（见图3-50）或新实体（见图3-51），调用命令的方式如下。

菜单栏：单击"修改"→"实体编辑"→"交集"命令。

工具栏：单击"建模"→"交集"按钮。

命令行：输入"INTERSECT"或"IN"。

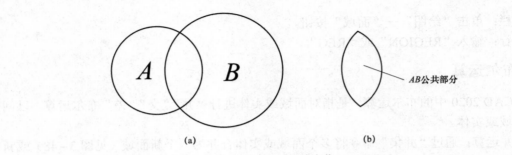

图 3-50　面域交集

（a）交集前；（b）交集后

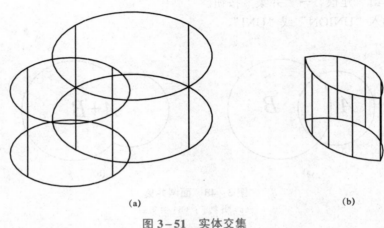

（a）　　　　　　　　　　　　　　（b）

图 3-51　实体交集

（a）交集前；（b）交集后

（3）差运算：通过"差集"命令从一个面域或实体选择集中减去另一个面域或实体选择集，从而创建一个新的面域（见图 3-52）或新的实体（见图 3-53），调用命令的方式如下。

菜单栏：单击"修改"→"实体编辑"→"差集"命令。

工具栏：单击"建模"→"差集"按钮。

命令行：输入"SUBTRACT"或"SU"。

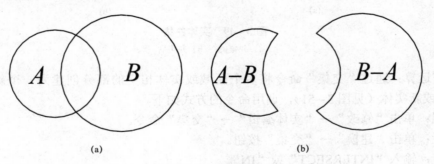

（a）　　　　　　　　　　　　　　（b）

图 3-52　面域差集

（a）差集前；（b）差集后

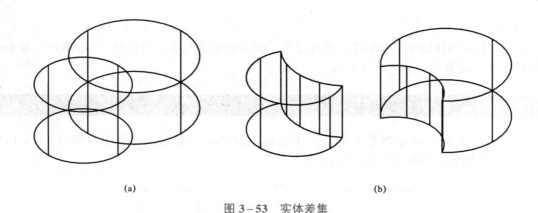

(a)　　　　　　　　　　　　　　　　　　　　　　(b)

图 3-53　实体差集

（a）差集前；（b）差集后

3. 从面域中查询数据

从表面上看，面域和一般的封闭线框没有区别，就像是一张没有厚度的纸。实际上，面域是二维实体模型，它不但包含边的信息，还包含边界内的信息。可以利用这些信息计算工程属性，如面积、质心、惯性等。

在 AutoCAD 2020 中，单击"工具"→"查询"→"面域/质量特性"命令，然后选择面域对象，按〈Enter〉键，系统将自动切换到"AutoCAD 文本窗口"，显示面域对象的数据特性，如图 3-54 所示。

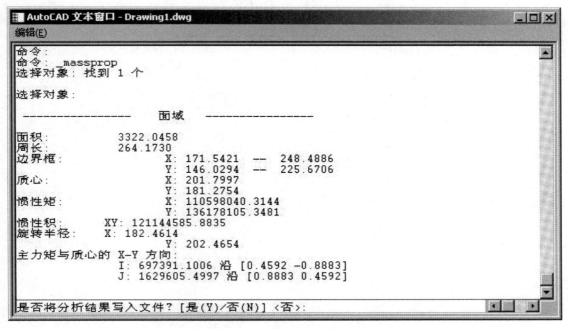

图 3-54　AutoCAD 文本窗口

● 小提示

执行"BOUNDARY"命令将创建新对象，但不删除原对象；而执行"REGION"命令将删除源对象，使其转换成一个新对象。

拓展训练

按尺寸绘制以下所示图形并存盘，不必标注尺寸，文件名为"姓名－项目 3－4 拓展训练"，并查询如下图所示零件图的面域。

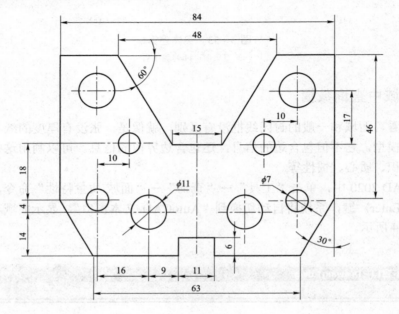

项目4 文字、尺寸的标注与编辑

项目描述

在工程图中，各种视图被用来表达对象的形状，而大小仅能用尺寸来反映，故尺寸是零件加工的重要依据。标注尺寸是绘图过程中的一项重要内容。因为图形主要用来反映各对象的形状，而对象的真实大小和互相之间的位置关系只有在标注尺寸之后才能确定下来。在AutoCAD 2020 中，可以利用"标注"工具栏和"标注"菜单进行图形尺寸标注。AutoCAD 2020中可以设置不同的标注样式，以满足行业或项目标注要求。

本项目将介绍通用标注样式和特殊标注样式的设置，详细讲解各种尺寸的标注方法，通过学习尺寸标注的编辑命令，知道如何修改尺寸标注。此外，通过实例，掌握专业上常见的尺寸标注，完成如图4-1所示的尺寸标注和编辑。

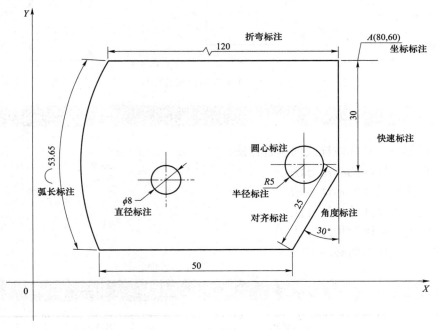

图4-1 机械零件的尺寸标注

任务 1　轴类零件的尺寸标注

任务描述

对于不同的对象，其定位所需的尺寸类型也不同。AutoCAD 2020 包含了一套完整的尺寸标注的命令，可以标注线性、角度、弧长、半径、直径、坐标、公差等在内的各类尺寸。打开 AutoCAD 2020，单击菜单栏中的"标注"命令，选择其中相应的选项，掌握"任务目标"中关于图 4−2 的尺寸标注方法。

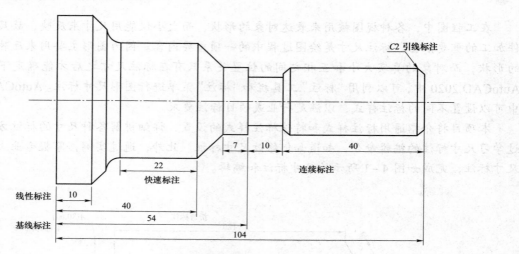

图 4−2　轴类零件的尺寸标注

任务目标

（1）掌握创建尺寸标注样式的设置方法。
（2）掌握线性标注的标注方法。
（3）掌握快速标注的标注方法。
（4）掌握基线标注的标注方法。
（5）掌握连续标注的标注方法。
（6）掌握引线标注的标注方法。

任务分组

班级		组号		指导老师	
组长		学号			
组员					

任务准备

引导问题 1：AutoCAD 2020 尺寸标注由哪些部分组成？

_____

_____

_____

引导问题 2：如何创建尺寸标注样式？

_____

_____

_____

引导问题 3：创建连续标注类型的尺寸标注有哪些方法？

_____

_____

_____

引导问题 4：如何创建线性标注、快速标注、基线标注、连续标注、引线标注 5 种标注类型？

_____

_____

_____

_____

任务实施

1. 启动 AutoCAD 2020

单击"开始"→"程序"→"Autodesk"→"AutoCAD 2020 – Simplified Chinese"→"AutoCAD 2020"命令，启动软件。

2. 打开任务文件

轴类零件的尺寸标注

单击"文件"→"打开"命令，弹出"选择文件"对话框，选择并打开目标文件。

3. 创建尺寸标注样式

在软件界面下部命令输入窗口，输入"DIMSTYLE"命令，单击"新建"按钮，输入新建的标注样式名称"轴类零件尺寸标注"，单击"继续"按钮，切换至"符号和箭头"选项卡，如图 4－3（a）所示，设置"箭头大小"为"2.5"；"文字"选项卡如图 4－3（b）所示，设置"文字高度"为"1.5"，并设置"文字位置"选项组的"从尺寸线偏移"为"0.625"，最后单击"确定"按钮。

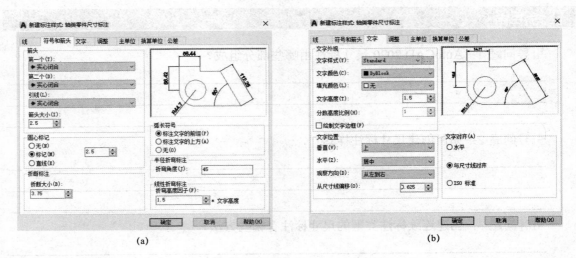

(a)　　　　　　　　　　　　　　(b)

图 4-3　创建尺寸标注样式

(a)"符号和箭头"选项卡；(b)"文字"选项卡

4. 创建任务目标要求的类型的尺寸标注

1）线性标注

（1）设置"尺寸标注"图层为当前层。

（2）执行"DIMLINEAR"命令。

（3）依次选择点 A 和点 B，指定尺寸线位置（在图 4-4 上用光标指定位置）。

（4）标注尺寸：10。

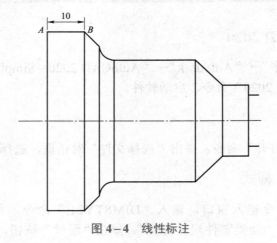

图 4-4　线性标注

2）快速标注

（1）设置"尺寸标注"图层为当前层。

（2）执行"QDIM"命令。

（3）选择线段 AB，指定尺寸线位置（在图 4-5 上用光标指定位置）。

（4）标注尺寸：10。

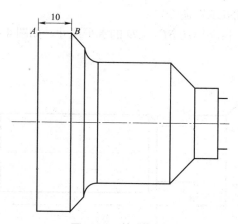

图4-5 快速标注

3）基线标注

（1）设置"尺寸标注"图层为当前层。

（2）执行"DIMLINEAR"命令。

（3）依次选择点 A 和点 B，指定尺寸线位置（在图4-6上用光标指定位置）。

（4）标注尺寸：10。

（5）执行"DIMBASELINE"命令。

（6）依次选择点 C、D、E，自动标注 AC、AD、AE 的水平尺寸，如图4-6所示，$AC=14$，$AD=18$，$AE=40$。

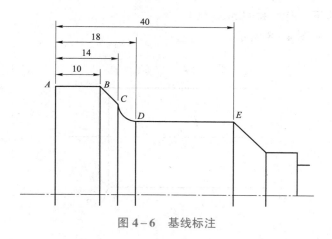

图4-6 基线标注

4）连续标注

（1）设置"尺寸标注"图层为当前层。

（2）执行"DIMLINEAR"命令。

（3）依次选择点 A 和点 B，指定尺寸线位置（在图4-7上用光标指定位置）。

（4）标注尺寸：7。

（5）执行"DIMCONTINUE"命令。

（6）依次选择点 C、D，自动标注 BC、CD 的水平尺寸，如图 4-7 所示，BC=10，CD=40。

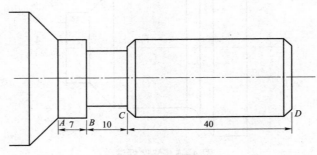

图 4-7　连续标注

5）引线标注

（1）设置"尺寸标注"图层为当前层。

（2）执行"QLEADER"命令。

指定第一个引线点或［设置（S）］<设置>：A // 单击十字光标选择如图 4-8 所示的 A
　　　　　　　　　　　　　　　　　 // 移动十字光标在合适位置单击

指定下一点：按<Enter>键。

指定下一点：按<Enter>键。

指定文字宽度<0>：按<Enter>键。

输入需要进行引线标注的内容：C2

输入注释文字的下一行：按<Enter>键。

引线标注完成，如图 4-8 所示。

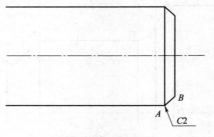

图 4-8　引线标注

任务评价

各组代表展示作品，介绍任务的完成过程，并完成表 4-1～表 4-3 所示的评价表。

表 4-1　学生自评表

班级：		姓名：		学号：	
任务：轴类零件的尺寸标注					
评价项目	评价标准			分值	得分
学习态度	学习态度端正，热爱学习、提前预习			20	
学习习惯	勤奋好学、工作习惯良好			20	
上课纪律	课堂积极，无迟到、早退、旷课现象			20	
实践练习	思路清晰，绘图操作步骤正确、绘制的图形正确			20	
职业素养	安全生产、保护环境、爱护设施			20	
合计					

表 4-2　小组互评表

任务：轴类零件的尺寸标注					
评价项目	分值	等级			评价对象__组
计划合理	10	优 10	良 8	中 6	差 4
方案准确	10	优 10	良 8	中 6	差 4
团队合作	10	优 10	良 8	中 6	差 4
组织有序	10	优 10	良 8	中 6	差 4
工作质量	10	优 10	良 8	中 6	差 4
工作效率	10	优 10	良 8	中 6	差 4
工作完整	10	优 10	良 8	中 6	差 4
工作规范	10	优 10	良 8	中 6	差 4
成果展示	20	优 20	良 16	中 12	差 8
合计					

表 4－3　教师评价表

班级：	姓名：		学号：		
任务：轴类零件的尺寸标注					
评价项目	评价标准			分值	得分
考勤	无迟到、旷课、早退现象			10	
完成时间	60 分钟满分，每多 10 分钟减 1 分			10	
理论填写	正确率 100%为 20 分			20	
绘图规范	操作规范、绘制图形美观正确			10	
技能训练	绘制正确满分为 20 分			20	
协调能力	与小组成员之间合作交流			10	
职业素养	安全工作、保护环境、爱护设施			10	
成果展示	能准确汇报工作成果			10	
合计					
综合评价	自评（20%）	小组互评（30%）	教师评价（50%）	综合得分	

任务总结

（1）通过完成上述任务，你学到了哪些知识和技能？

_____

_____

_____

（2）在绘图过程中，有哪些需要注意的事项？

_____

_____

_____

知识学习

AutoCAD 2020 有多种标注类型，如线性标注、对齐标注、角度标注、基线或连续标注、半径标注、直径标注、坐标标注、引线标注等。线性标注中又有水平、垂直、旋转标注等。此外，机械专业中常用的标注类型有尺寸公差和形位公差。

1. 创建尺寸标注样式

标注样式主要是设置尺寸界线、尺寸线、尺寸箭头、尺寸文本的相对位置和相对大小比例之间的关系。

在"注释"菜单中选择"标注样式"选项，或者单击"注释"菜单旁三角形，再单击 按钮，或在命令行输入"DIMSTYLE"，按<Enter>键或<空格>键确认命令，则会弹出"标注样式管理器"对话框，如图4-9所示。此对话框可以设置尺寸标注的4个组成部分（即尺寸界线、尺寸线、尺寸箭头和尺寸文本）的相对位置和相对大小比例的参数。

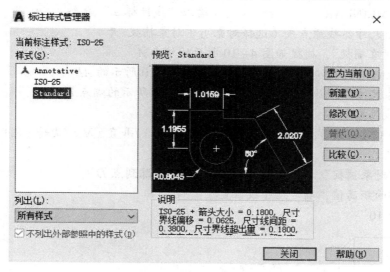

图4-9　"标注样式管理器"对话框

现将"标注样式管理器"对话框说明如下。

（1）左边上部"样式"列表框：显示标注样式名。

（2）左边下部"列出"下拉列表：单击下拉箭头，弹出"所有样式""正在使用的样式"两个选项，这两个选项代表图形中所有的标注样式名，以及当前标注样式。选择其中任何一个选项，则在上部"样式"列表框中会列出所选的标注样式。

（3）中间"预览"窗口：显示当前预览窗口的标注样式的基本情形。

（4）中间下部"说明"框：对当前预览窗口的标注样式进行说明。

（5）"置为当前"按钮：当前有多个标注样式时，在左边"样式"列表框中选择需要的标注样式，再单击此按钮，则所选择的标注样式作为当前可使用的样式。

（6）"新建"按钮：单击此按钮，可以新建一个标注样式。

（7）"修改"按钮：单击此按钮，可以修改选定的已有的标注样式。

（8）"替代"按钮：单击此按钮，可以临时编辑修改所选的标注样式，并另存为一个样式替代。常用于特殊标注样式的设置。

（9）"比较"按钮：选择"样式"列表框中要进行比较的样式，单击此按钮，将该标注样式与当前标注样式相比较，会列出比较的结果；若想查询当前标注样式的所有特性，则只需单击此按钮，会弹出当前标注样式的系统变量设置。

2. 线性标注

线性标注可以创建尺寸线水平、尺寸线垂直或尺寸线旋转任意角度的线性标注。

在"标注"菜单中选择"线性"选项，或者单击"标注"工具栏中的 线性 按钮，或在命令行输入"DIMLINEAR"，然后在命令行的提示下，选择对象或输入选项或参数，就可实现线性标注。

线性标注时，可以修改尺寸文本内容、尺寸文本角度或尺寸线的角度。

命令行提示如下：

命令：_DIMLINEAR　　　　　　　　//输入"线性标注"命令

指定第一条尺寸界线原点或（选择对象）:（对象捕捉 开）

// 打开"对象捕捉"，捕捉如图 4−10 所示的端点 A

// 或按<Enter>键，选择要标注的对象，如图 4−10 所示的 AB

指定第二条尺寸界线原点：　　// 捕捉如图 4−10 所示的端点 B

指定尺寸线位置或

［多行文字（M）/文字（T）/角度（A）/水平（H）/垂直（V）/旋转（R）］：　　//单击如图 4−10 所示点 C

//或使用"对象捕捉"加"对象追踪"，从点 B 追踪到点 D

//输入追踪的距离值，确定尺寸线位置

标注文字 =10

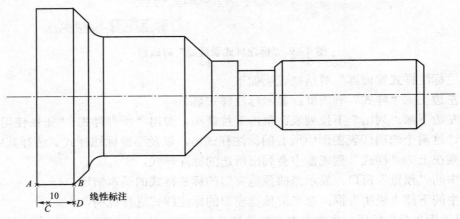

图 4−10　确定尺寸线位置示例

命令行提示中有关选项或参数说明如下。

（1）第一条尺寸界线原点：如图 4−10 所示的点 A。

（2）第二条尺寸界线原点：如图 4−10 所示的点 B。

（3）选择对象：选择要标注尺寸的对象。

（4）尺寸线位置：可以单击图 4−10 所示的点 C，确定尺寸线位置；也可使用"对象捕捉"加"对象追踪"功能，从点 B 追踪到点 D，输入追踪的距离值，确定尺寸线位置。

（5）多行文字（M）：选择该选项，在"文字格式"工具栏中修改文字，然后单击"确定"按钮。如图 4−11 所示，其中的方框内部文字被选中且有闪动的光标，可像编辑文本一样编辑此数值。当前数值是 AutoCAD 2020 自动测量生成的尺寸文本。按<Delete>键，可删除当前尺寸文本，重新输入新值，则更改了尺寸文本。将鼠标指针移动到尺寸文本前、后，可以添加尺寸文本的前缀和后缀。

图 4−11　文字编辑器

（6）文字（T）：选择该选项，可在命令行中根据命令的提示输入新的尺寸文本。

（7）角度（A）：选择该选项，可设置尺寸文本放置的角度。

（8）水平（H）、垂直（V）：标注水平或垂直的长度尺寸，可以选择该选项来实现；也可以不选择该选项来实现，只要命令行提示"指定尺寸线位置"时，水平或垂直移动鼠标指针再单击便可实现，如图 4−12 所示。

（9）旋转（R）：选择该选项，可设置尺寸线倾斜的角度，如图 4−12 所示，此命令标注了一个倾斜 45°的对象的长度。

（10）标注文字：显示 AutoCAD 2020 自动测量的尺寸文本。

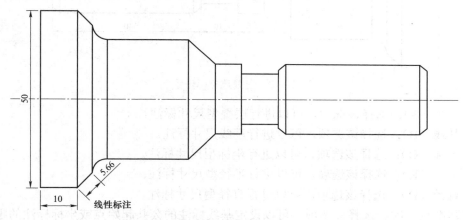

图 4−12　线性标注示例

3. 快速标注

"快速标注"命令可以标注多种类型的尺寸，如直径、半径、连续、基线等；可以一次选择多个标注对象，自动地对所有的对象进行标注。

在"标注"菜单中选择"快速标注"选项，或者单击"标注"工具栏中的 ✦ 按钮，或在命令行输入"QDIM"，根据命令行的提示，选择选项，即可实现一次标注多个对象和多种类型的尺寸。

命令行提示如下：

命令：_QDIM　　　　　　　　　　　　　//输入"快速标注"命令

关联标注优先级＝端点

选择要标注的几何图形：找到 1 个　　　　//选择要标注的对象

选择要标注的几何图形：　　　　　　　　//按<Enter>键

指定尺寸线位置或

［连续（C）/并列（S）/基线（B）/坐标（O）/半径（R）/直径（D）/基准点（P）/编辑（E）/设置（T）]（半径）：//确定合适的尺寸线位置或选择选项

命令行提示各选项说明如下。

（1）连续（C）：选择该选项，可以进行连续尺寸标注，此命令不需要先有一个线性标注。如图 4-13 所示，所有尺寸都是一次命令完成的。

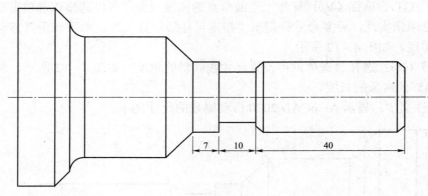

图 4-13　连续尺寸标注示例

（2）并列（S）：选择该选项，可以进行层叠型尺寸标注。

（3）基线（B）：选择该选项，可以进行基线尺寸标注。

（4）坐标（O）：选择该选项，可以进行坐标型尺寸标注。

（5）半径（R）：选择该选项，可以进行半径型尺寸标注。

（6）直径（D）：选择该选项，可以进行直径型尺寸标注。

（7）基准点（P）：选择该选项，可以设定基线标注的公共起始点或坐标标注的零值点。

（8）编辑（E）：选择该选项，将显示所有的标注节点，并可根据命令行的提示增加或删除标注点。

（9）设置（T）：选择该选项，命令行提示"关联标注优先级［端点（E）/交点（I）] <端点>："，用于设定尺寸界线原点的默认捕捉点。

4. 基线标注

基线标注和连续标注是一系列基于线性标注的连续标注。使用这两个命令前要先完成一个线性标注（如图 4-14 所示 *AB*），然后才能使用它们。

基线标注也可以标注多个尺寸，多个尺寸有一个公用尺寸界线，多个尺寸的尺寸线彼此平行，如图 4-14 所示。

实现如图 4-14 所示基线标注的命令行提示如下：

命令：_DIMLINEAR　　　　　　//输入"线性标注"命令

指定第一条尺寸界线原点或<选择对象>：<对象捕捉 开>

//打开"对象捕捉"，捕捉如图 4-14 所示的端点 *A*

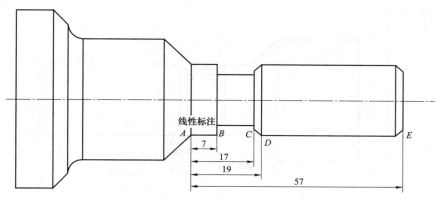

图 4-14　基线标注示例

//或按<Enter>键，选择要标注的对象，如图 4-14 中的 *AB*

指定第二条尺寸界线原点：　　//捕捉如图 4-14 所示的端点 *B*

指定尺寸线位置或

［多行文字（M）/文字（T）/角度（A）/水平（H）/垂直（V）/旋转（R）］：<对象捕捉追踪　开>5

//使用"对象捕捉"加"对象追踪"，从点 *B* 追踪

//输入追踪的距离值5，按<Enter>键确定尺寸线位置

标注文字=7　　　　　　//完成尺寸 7 的水平线性标注

命令：_DIMBASELINE　　　　　　//输入"基线标注"命令

指定第二条尺寸界线原点或［放弃（U）/旋转（S）］<选择>：　//捕捉如图 4-14 所示的端点 *C*

标注文字=17　　　　　　//完成尺寸 17 的长度标注

指定第二条尺寸界线原点或［放弃（U）/旋转（S）］<选择>：　//捕捉如图 4-14 所示的端点 *D*

标注文字=19　　　　　　//完成尺寸 19 的长度标注

指定第二条尺寸界线原点或［放弃（U）/旋转（S）］<选择>：　//捕捉如图 4-14 所示的端点 *E*

标注文字=57　　　　　　//完成尺寸 57 的长度标注

指定第二条尺寸界线原点或［放弃（U）/旋转（S）］<选择>：　//按<Enter>键确定

选择基准标注：　　　　　　//按<Enter>键再确定

5. 连续标注

连续标注也可以标注多个尺寸，其中前一个尺寸标注的第二个尺寸界线是下一个尺寸标注的第一个尺寸界线，多个尺寸的尺寸线彼此相连，如图 4-15 所示。

实现如图 4-15 所示连续标注的命令行提示如下：

命令：_DIMLINEAR　　　　　　//输入"线性标注"命令

指定第一条尺寸界线原点或<选择对象>：<对象捕捉　开>

//打开"对象捕捉"，捕捉如图 4-15 所示的端点 *A*

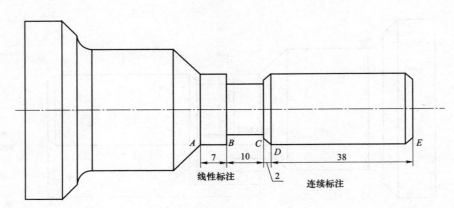

图 4-15　连续标注示例

//或按<Enter>键，选择要标注的对象，如图 4-15 所示的 *AB*

指定第二条尺寸界线原点：//捕捉如图 4-15 所示的端点 *B*

指定尺寸线位置或

［多行文字（M）/文字（T）/角度（A）/水平（H）/垂直（V）/旋转（R）］：<对象捕捉追踪　开>5

//使用"对象捕捉"加"对象追踪"，从点 *B* 追踪，输入追踪的距离值 5，按<Enter>键确定尺寸线位置

标注文字=7　　　　　　　　//完成尺寸 7 的水平线性标注

命令：_DIMBASELINE　　　　//输入"基线标注"命令

指定第二条尺寸界线原点或［放弃（U）/旋转（S）］<选择>：　//捕捉如图 4-15 所示的端点 *C*

标注文字=10　　　　　　　　//完成尺寸 10 的长度标注

指定第二条尺寸界线原点或［放弃（U）/旋转（S）］<选择>：　//捕捉如图 4-15 所示的端点 *D*

标注文字=2　　　　　　　　//完成尺寸 2 的长度标注

指定第二条尺寸界线原点或［放弃（U）/旋转（S）］<选择>：//捕捉如图 4-15 所示的端点 *E*

标注文字=38　　　　　　　　//完成尺寸 38 的长度标注

指定第二条尺寸界线原点或［放弃（U）/旋转（S）］<选择>：　//按<Enter>键确定

选择基准标注：　　　　　　　//按<Enter>键再确定

6. 引线标注

引线标注用于标注引线和注释。

其中"引线"命令（QLEADER）可以设置引线和注释的标注形式，注释可以是文本，也可以是形位公差。

也可以在"标注"菜单中选择"多重引线"选项，或者单击"标注"工具栏中的 ✏ 按钮，进行多重引线标注。

现对"引线"命令（QLEADER）的使用进行详细说明。

在命令行输入"QLEADER"，然后在命令行的提示下，选择选项，即可实现引线标注。命令行提示如下：

命令：_QLEADER　　　　　　　　　　　//输入"引线"命令
指定第一个引线点或［设置（S）］<设置>：//"对象捕捉"第一个引线点
指定下一点：　　　　　　　　　　　　//单击，确定引线的第二个点
指定下一点：　　　　　　　　　　　　//单击，确定第三个点
指定文字宽度<0>：　　　　　　　　　 //按<Enter>键
输入注释文字的第一行<多行文字（M）>：//输入要标注的注释，按<Enter>键
输入注释文字的下一行：　//根据需要输入新的文字行或按<Enter>键，完成引线标注
命令行提示中有关参数说明如下。

在命令行提示"指定第一个引线点或［设置（S）］<设置>："后，按<Enter>键，则进入"引线设置"对话框，如图4-16所示，可以设置引线标注的形式。

"引线设置"对话框有3个选项卡：注释、引线和箭头、附着。

"注释"选项卡如图4-16所示，有3个选项组。

①"注释类型"选项组用于确定标注的是文本、形位公差、块，还是无注释内容。

②"多行文字选项"选项组用于设置当注释是多行文字时多行文字的格式。

③"重复使用注释"选项组用于确定是否重复使用注释。

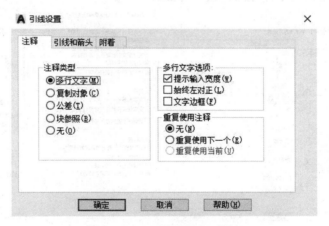

图4-16　"引线设置"对话框

"引线和箭头"选项卡如图4-17所示，有4个选项组。

①"引线"选项组用于确定引线是直线还是样条曲线。

②"点数"选项组用于设置引线端点数，选择"无限制"或输入一个最大数值。注意，两点确定一条线，三点确定两条线，以此类推。

③"箭头"选项组中的下拉列表用于选择所需第一个引线点处的箭头类型，有20种可供选择。

④"角度约束"选项组中的下拉列表，用于对第一条引线和第二条引线的角度进行设置；还可使用默认的"任意角度"，在执行"快速引线"命令中使用"极轴"设置引线的角度也很方便。

"附着"选项卡如图 4-18 所示，用于确定多行文字注释相对于引线终点的位置。根据文字在引线的左边或右边分别进行单选设置。机械专业图中有很多引线标注的文字注释要选择"最后一行加下划线"的格式。

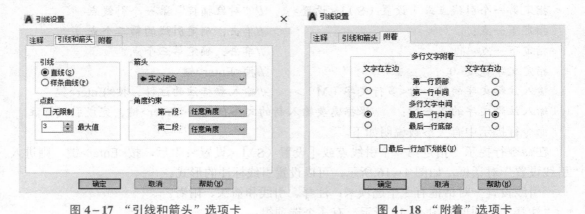

图 4-17 "引线和箭头"选项卡　　　　图 4-18 "附着"选项卡

拓展训练

1. 按照下图创建轴类零件标注样式，并保存。

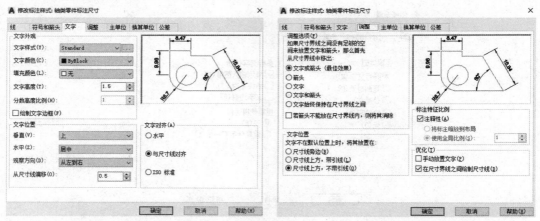

2. 对于下图中轴类零件，请参考相关标注类型，正确完成尺寸标注。

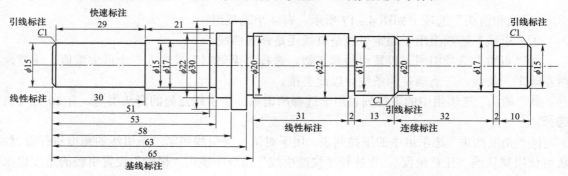

轴类零件

任务2 密封垫圈的尺寸标注

任务描述

本次任务通过对密封垫圈的尺寸标注学习，掌握图 4−19 中的对齐标注、直径标注、半径标注、折弯标注、角度标注、弧长标注等标注样式的创建。

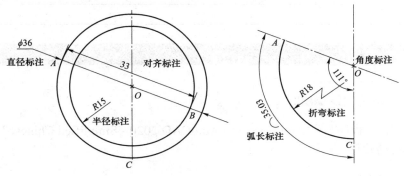

图 4−19 密封垫圈的尺寸标注

任务目标

（1）掌握对齐标注的标注方法。
（2）掌握直径标注的标注方法。
（3）掌握半径标注的标注方法。
（4）掌握折弯标注的标注方法。
（5）掌握角度标注的标注方法。
（6）掌握弧长标注的标注方法。

任务分组

班级		组号		指导老师	
组长		学号			
组员					

任务准备

引导问题 1：如何创建密封垫圈尺寸标注样式？

_____

_____

引导问题 2：如何创建对齐标注、直径标注、半径标注、折弯标注、角度标注、弧长标注等尺寸标注？

_____

_____

引导问题 3：创建上述 6 种标注类型的尺寸标注有哪些方法？

_____

_____

_____

任务实施

1. 启动 AutoCAD 2020

单击"开始"→"程序"→"Autodesk"→"AutoCAD 2020 – Simplified Chinese"→"AutoCAD 2020"命令，启动软件。

2. 打开任务文件

单击"文件"→"打开"命令，弹出"选择文件"对话框，选择并打开目标文件。

3. 创建尺寸标注样式

在软件界面下部命令输入窗口，输入命令"DIMSTYLE"，单击"新建"按钮，输入新建的标注样式名称"密封垫圈尺寸标注"，单击"继续"按钮，切换至"符号和箭头"选项卡，如图 4-20（a）所示，设置"箭头大小"数值为"1.5"；切换至"文字"选项卡，如图 4-20（b）所示，设置"文字高度"为"1.5"，并设置"文字位置"选项组中的"从尺寸线偏移"为"0.625"，最后单击"确定"按钮。

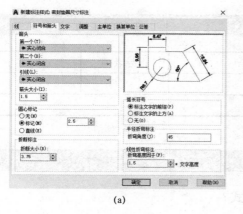
(a)

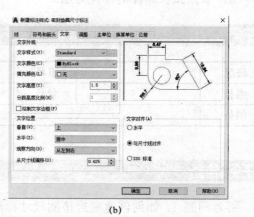
(b)

图 4-20 创建尺寸标注样式
（a）"符号和箭头"选项卡；（b）"文字"选项卡

4. 创建任务目标要求的类型的尺寸标注

1）对齐标注

（1）设置"尺寸标注"图层为当前层。

（2）执行"DIMALIGNED"命令。

（3）依次选择点 A 和点 B，指定尺寸线位置（在图 4−21 上用光标指定位置）。

（4）标注尺寸：33。

2）直径标注

（1）设置"尺寸标注"图层为当前层。

（2）执行"DIMDIAMETER"命令。

（3）选择点 A 和点 B 所在的外圆，指定尺寸线位置（在图 4−22 上用光标指定位置）。

（4）标注尺寸：36。

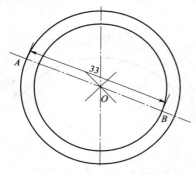

图 4−21　对齐标注

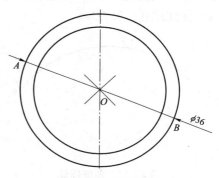

图 4−22　直径标注

3）半径标注

（1）设置"尺寸标注"图层为当前层。

（2）执行"DIMRADIUS"命令。

（3）选择图 4−23 所示的圆弧，指定尺寸线位置（在图 4−23 上用光标指定位置）。

（4）标注尺寸：15。

4）折弯标注

（1）设置"尺寸标注"图层为当前层。

（2）执行"DIMJOGGED"命令。

（3）选择图 4−24 所示的圆弧：指定中心位置。

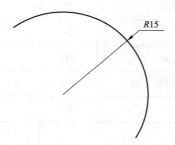

图 4−23　半径标注

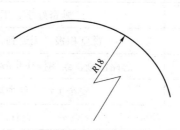

图 4−24　折弯标注

（4）标注尺寸：18。

（5）指定尺寸线位置或［多行文字（M）/文字（T）/角度（A）］，指定折弯位置。

5）角度标注

（1）设置"尺寸标注"图层为当前层。

（2）执行"DIMANGULAR"命令。

（3）选择圆弧、圆、直线或指定顶点，指定标注弧线位置（在图 4–25 上用光标指定位置）。

（4）标注尺寸：111。

6）弧长标注

（1）设置"尺寸标注"图层为当前层。

（2）执行"DIMARC"命令。

（3）选择弧线段或多段线圆弧段，指定弧长标注位置（在图 4–26 上用光标指定位置）。

（4）标注尺寸：35.03。

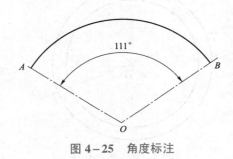

图 4–25　角度标注

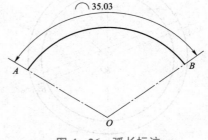

图 4–26　弧长标注

任务评价

各组代表展示作品，介绍任务的完成过程，并完成表 4–4～表 4–6 所示的评价表。

表 4–4　学生自评表

班级：	姓名：		学号：	
任务：密封垫圈的尺寸标注				
评价项目	评价标准		分值	得分
学习态度	学习态度端正，热爱学习、提前预习		20	
学习习惯	勤奋好学、工作习惯良好		20	
上课纪律	课堂积极，无迟到、早退、旷课现象		20	
实践练习	思路清晰，绘图操作步骤正确、绘制的图形正确		20	
职业素养	安全生产、保护环境、爱护设施		20	
合计				

表 4-5　小组互评表

任务：密封垫圈的尺寸标注					
评价项目	分值	等级			评价对象__组
计划合理	10	优 10	良 8	中 6	差 4	
方案准确	10	优 10	良 8	中 6	差 4	
团队合作	10	优 10	良 8	中 6	差 4	
组织有序	10	优 10	良 8	中 6	差 4	
工作质量	10	优 10	良 8	中 6	差 4	
工作效率	10	优 10	良 8	中 6	差 4	
工作完整	10	优 10	良 8	中 6	差 4	
工作规范	10	优 10	良 8	中 6	差 4	
成果展示	20	优 20	良 16	中 12	差 8	
合计					

表 4-6　教师评价表

班级：	姓名：		学号：	
任务：密封垫圈的尺寸标注				
评价项目	评价标准		分值	得分
考勤	无迟到、旷课、早退现象		10	
完成时间	60 分钟满分，每多 10 分钟减 1 分		10	
理论填写	正确率 100%为 20 分		20	
绘图规范	操作规范、绘制图形美观正确		10	
技能训练	绘制正确满分为 20 分		20	
协调能力	与小组成员之间合作交流		10	
职业素养	安全工作、保护环境、爱护设施		10	
成果展示	能准确汇报工作成果		10	
合计				
综合评价	自评（20%）	小组互评（30%）	教师评价（50%）	综合得分

任务总结

（1）通过完成上述任务，你学到了哪些知识和技能？

_____

_____

_____

（2）在绘图过程中，有哪些需要注意的事项？

_____

_____

_____

_____

知识学习

1. 对齐标注

对齐标注是使尺寸线平行于两尺寸界线原点之间的直线。

在"标注"菜单中选择"对齐"选项，或者单击"标注"工具栏中的✎按钮，或在命令行输入"DIMALIGNED"，然后在命令行的提示下，选择对象或输入选项或参数，即可实现对齐标注。

对齐标注时，可以修改尺寸文本内容或尺寸文本角度。

命令行提示如下：

命令：_DIMALIGNED　　　　　　　　　　　//输入"对齐标注"命令

指定第一条尺寸界线原点或<选择对象>：//打开"对象捕捉"，捕捉如图4-27所示的端点A

//或按<Enter>键，选择要标注的对象，如图4-27所示的AB

指定第二条尺寸界线原点：//打开"对象捕捉"，捕捉如图4-27所示的端点B

指定尺寸线位置或

[多行文字（M）/文字（T）/角度（A）]：//单击适当的尺寸线位置，或使用"对象捕捉"加"对象追踪"，输入追踪的距离值，确定尺寸线位置

标注文字=33

命令行提示中的选项操作与"线性标注"命令一样，此处略。

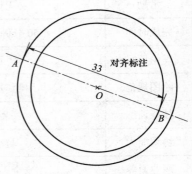

图4-27　对齐标注

2. 直径标注

直径标注有 3 种形式，如图4-28所示。

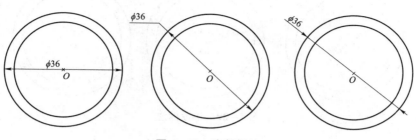

图 4-28　直径标注

图 4-28 中从左向右的第一个图的直径，要在"标注样式"对话框的"调整"选项卡的"文字位置"选项组中选择"尺寸线上方，不带引线"选项，再使用"直径"命令标注。

第二个图的直径，要在"标注样式"对话框的"文字"选项卡的"文字对齐"选项组中选择"ISO 标准"选项，再使用"直径"命令标注。

第三个图的直径，可以直接在已设置的通用"密封垫圈"标注样式下，使用"直径"命令标注。

由此可见，前两个图的直径标注要用到"标注样式管理器"对话框中的"替代"按钮或制作子样式来进行设置，建议不要使用"标注样式管理器"对话框中的"修改"按钮来实现。

在"标注"菜单中选择"直径"选项，或者单击"标注"工具栏中的 ◯ 按钮，或在命令行输入"DIMDIAMETER"，然后在命令行的提示下，选择对象，输入选项，即可实现直径标注。

直径标注时，可以修改尺寸文本内容、尺寸文本角度。与前述命令修改方法相同，此处不再赘述。

命令行提示如下：

命令：_DIMDIAMETER

选择圆弧或圆：

标注文字 = 36

指定尺寸线位置或［多行文字（M）/文字（T）/角度（A）］：

3. 半径标注

半径标注也有 3 种形式，如图 4-29 所示。

图 4-29 中从左向右的第三个图是半径标注形式，它的尺寸文本水平放置，这要用到"标注样式管理器"对话框中的"替代"按钮或制作子样式来进行设置，建议不要使用"标注样式管理器"对话框中的"修改"按钮来实现。方法可参见"角度标注"有关设置说明。

在"标注"菜单中选择"半径"选项，或者单击"标注"工具栏中的 ⟋ 按钮，或在命令行输入"DIMDIAMETER"，然后在命令行的提示下，选择对象，输入选项，即可实现半径标注。

半径标注时，可以修改尺寸文本内容、尺寸文本角度。与前述命令修改方法相同，此处不再赘述。

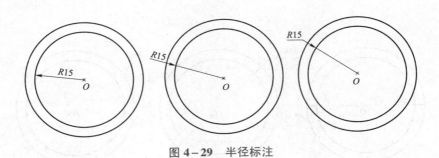

图 4-29 半径标注

命令行提示如下：

命令：_DIMRADIUS

选择圆弧或圆：

标注文字 = 15

指定尺寸线位置或［多行文字（M）/文字（T）/角度（A）］：

4. 折弯标注

当标注不能表示实际尺寸，或者圆弧或圆的中心无法在实际位置显示时，可使用折弯标注来表达。在 AutoCAD 2020 中，折弯标注包括半径折弯标注和线性折弯标注。

1）半径折弯标注

当圆弧或圆的中心位于布局之外，并且无法在其实际位置显示时，使用"DIMJOGGED"命令可以创建半径折弯标注，半径折弯标注也称为缩放的半径标注。

用户可通过以下方式来执行此操作。

（1）菜单栏：单击"标注"→"折弯"命令。

（2）面板：在"注释"选项卡的"标注"面板中单击"已折弯"按钮。

（3）命令行：输入"DIMJOGGED"。

创建半径折弯标注，需指定圆弧、图示中心位置、尺寸线位置和折弯位置，半径折弯标注的典型示例如图 4-30 所示。执行"DIMJOGGED"命令后，命令行的操作提示如下：

命令：_DIMJOGGED

选择圆弧或圆：

指定图示中心位置：标注文字 = 56.73

指定尺寸线位置或［多行文字（M）/文字（T）/角度（A）］：

指定折弯位置：

图 4-30 中的点 1 表示选择圆弧时的光标位置，点 2 表示新圆心位置，点 3 表示标注文字的位置，点 4 表示折弯中点位置。

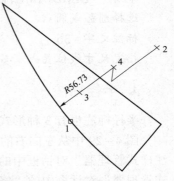

图 4-30 半径折弯标注示例

2）线性折弯标注

折弯线用于表示不显示实际测量值的标注值。将折弯线添加到线性标注，即为线性折弯标注。通常，折弯标注的实际测量值小于显示值。

用户可通过以下 3 种方式来执行此操作。

（1）菜单栏：单击"标注"→"折弯线性"命令。

（2）面板：在"注释"选项卡的"标注"面板中单击"折弯，折弯标注"按钮 ⁀⋀ 。

（3）命令行：输入"DIMJOGLINE"。

通常，在线性标注或对齐标注中可添加或删除折弯线。如图 4-31 所示，线性折弯标注中的折弯线表示所标注对象中的折断，标注值表示实际距离，而不是图形中测量的距离。

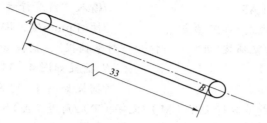

图 4-31　线性折弯标注示例

● 小提示

折弯线由两条平行线和一条与平行线成 40° 角的交叉线组成。折弯的高度由标注样式的线性折弯大小值决定。

5. 角度标注

角度标注只有一个"角度"命令，它用于标注直线间的夹角、圆中一段弧的圆心角和一个弧对象的圆心角。

由于我国工程制图新规范规定标注的角度值一律水平布置，且尽量安排在尺寸线简短的中间处，而已设置的通用标注样式针对所有的尺寸设置了"文字对齐"为"与尺寸线对齐"、文字位置垂直上方和水平居中格式（参见图 4-32），因此，在使用"角度"命令之前，要重新设置"文字对齐"为"水平"、"文字位置"的"垂直"和"水平"均为"居中"格式，这可使用标注样式中的"替代"或制作子样式来进行设置，建议不要使用标注样式中的"修改"来实现。

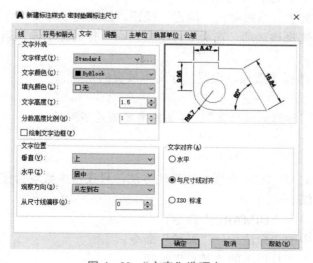

图 4-32　"文字"选项卡

在"标注"菜单中选择"角度"选项，或单击"标注"工具栏中的 △ 按钮，或在命令行输入"DIMANGULAR"，然后在命令行的提示下，选择对象或输入选项，即可实现角度标注。角度标注时，可以修改尺寸文本内容、尺寸文本角度。

命令行提示如下：

命令：_DIMANGULAR　　　　　　　　//输入"角度标注"命令
选择圆弧、圆、直线或<指定顶点>：　　　//按<Enter>键，即选择"指定顶点"
指定角的顶点：<对象捕捉 开>　　//打开"对象捕捉"，捕捉如图4-33所示的顶点 O
指定角的一个端点　　　　　　　　// 捕捉如图4-33所示角的第一个端点 A
指定角的二个端点　　　　　　　　//捕捉如图4-33所示角的第二个端点 C
指定标注弧线位置或 [多行文字（M）/文字（T）/角度（A）]：//单击放置标注弧线位置的合适点

标注文字=111°

命令行提示有关参数和选项说明如下。

（1）选择圆弧、圆、直线：单击图4-33（a）所示直线 OA 对象，命令行会提示"选择第二条直线："，则可继续选择如图4-33（a）所示直线 OC 对象，然后按命令行的提示将标注弧线的位置放置在合适的地方，完成直线间的夹角的标注。

单击图4-33（b）所示圆对象点 D，命令行会提示"指定角的第二个端点"，则可继续单击点 E，然后按命令行的提示将标注弧线的位置放置在合适的地方，完成圆中一段弧的圆心角的标注。

单击图4-33（a）所示弧对象点 E，按命令行的提示将标注弧线的位置放置在合适的地方，完成一个弧对象的圆心角的标注。

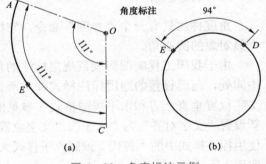

图4-33　角度标注示例

（2）多行文字（M）：选择该选项，在"文字格式"工具栏中修改文字，返回单击"确定"按钮。修改文字时要注意输入特殊符号"°"。

（3）文字（T）：选择该选项，在命令行中根据命令行的提示输入新的角度值。特殊符号"°"用"%%d"输入。

（4）角度（A）：选择该选项，设置尺寸文本放置的角度。

● 小提示

放置在不同侧的"标注弧线位置"，标注的角度值是不同的。

6. 弧长标注

弧长尺寸是 AutoCAD 2020 新增加的标注方法，只在极少数场合使用。弧长标注命令主要有如下4种操作方法。

（1）在命令行中输入"DIMARC"命令。

（2）单击菜单栏中的"标注"→"弧长"命令。

（3）单击"标注"工具栏中的"弧长"按钮。

（4）单击"默认"选项卡"注释"面板中的"弧长"按钮 ⌒ 或"注释"选项卡"标注"

面板中的"弧长"按钮 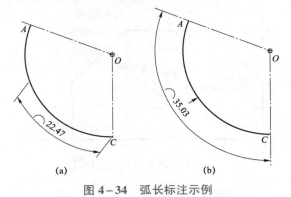。

执行上述操作后，根据系统提示选择要标注的弧线段或多段弧线段，在命令行的提示下指定弧长标注位置或选择其他选项。

命令行提示中各选项的含义如下：

指定弧长标注位置或［多行文字（M）/文字（T）/角度（A）/部分（P）/引线（L）］

指定弧长标注位置：移动鼠标在弧线需要标注的位置单击左键，确定位置；

多行文字（M）/文字（T）：输入替换的弧长标注（非真实弧长值）；

角度（A）：输入数字调整弧长标注文字显示的角度；

部分（P）：缩短弧长标注的长度。在系统提示下指定圆弧上弧弧长标注的起点和终点，结果如图 4-34（a）所示。

引线（L）：添加引线对象。仅当圆弧（或弧线段）大于 90° 时才会显示此选项。引线时按径向绘制的，指向所标注圆弧的圆心，如图 4-34（b）所示。

图 4-34 弧长标注示例

（a）部分圆弧标注；（b）添加引线对象

拓展训练

按照尺寸标注绘制下图所示的零件图，并创建对齐标注、直径标注、半径标注、折弯标注、角度标注、弧长标注等标注类型，最后保存。

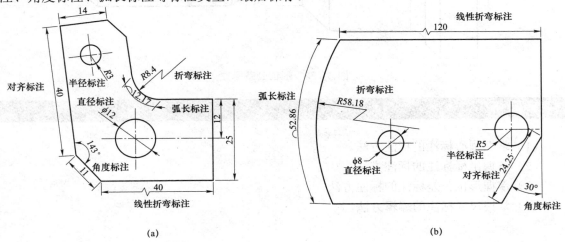

（a）　　　　　　　　　　　　　　　　　　（b）

任务 3　零件图尺寸标注

任务描述

　　本次任务通过对钣金件的尺寸标注学习，掌握图 4-35 中的圆心标注、坐标标注等标注样式的创建；通过对轴类零件的尺寸标注和编辑学习，掌握图 4-36 中的形位公差标注、尺寸标注的编辑。

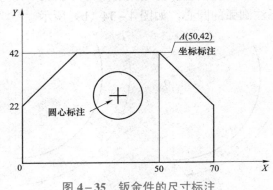

图 4-35　钣金件的尺寸标注

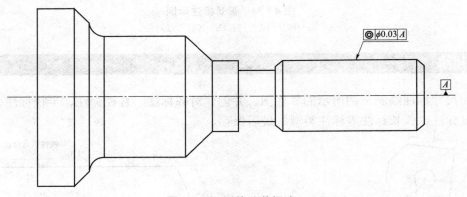

图 4-36　形位公差标注

任务目标

　　（1）掌握圆心标注的标注方法。
　　（2）掌握坐标标注的标注方法。
　　（3）掌握形位公差标注的标注方法。
　　（4）掌握尺寸标注的编辑方法。

任务分组

班级		组号		指导老师	
组长		学号			
组员					

任务准备

引导问题 1：如何创建钣金件尺寸标注样式？

_____

_____

_____

引导问题 2：如何创建圆心标注、坐标标注等尺寸标注？

_____

_____

_____

引导问题 3：如何创建轴类零件形位公差标注样式？

_____

_____

_____

引导问题 4：如何对已有的尺寸标注样式进行编辑？

_____

_____

_____

_____

任务实施

1. 启动 AutoCAD 2020

单击"开始"→"程序"→"Autodesk"→"AutoCAD 2020 – Simplified Chinese"→"AutoCAD 2020"命令，启动软件。

2. 打开任务文件

单击"文件"→"打开"命令，弹出"选择文件"对话框，选择并打开目标文件。

3. 创建尺寸标注样式

在软件界面下部命令输入窗口，输入命令"DIMSTYLE"，单击"新建"按钮，输入新建的标注样式名称"零件图尺寸标注"，单击"继续"按钮，切换至"符号和箭头"选项卡，如图 4-37（a）所示，设置"箭头大小"为"1.5"；切换至"文字"选项卡，如图 4-37（b）所示，设置"文字高度"为"1.5"，并设置"文字位置"选项组中的"从尺寸线偏移"为"0.625"，最后单击"确定"按钮。

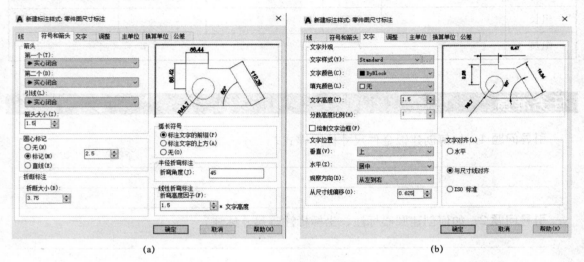

图 4-37　创建尺寸标注样式

（a）"箭头和符号"选项卡；（b）"文字"选项卡

零件图尺寸标注

4. 创建任务目标要求的类型的尺寸标注

1）圆心标注

（1）设置"尺寸标注"图层为当前层。

（2）执行"DIMCENTER"命令。

（3）选择圆弧或圆（如图 4-38 所示的十字标记在圆心位置）。

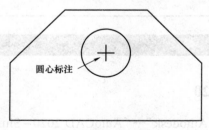

圆心标注

图 4-38　圆心标注

图中圆心标记的大小可在"标注样式管理器"对话框中修改，如图 4-37（a）所示。

2）坐标标注

（1）设置"尺寸标注"图层为当前层。

（2）执行"DIMORDINATE"命令。

（3）指定点坐标。

（4）指定引线端点。

标注文字=50，42。

选择圆弧或圆：（如图 4－39 十字标记在圆心位置）。

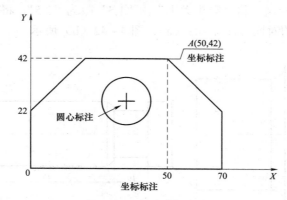

图 4－39 坐标标注示例

注：此坐标数值是以 A 点在当前 UCS 坐标系中的坐标，也可根据需求自定义坐标系原点。

3）形位公差标注

（1）设置"尺寸标注"图层为当前层。

（2）执行"TOLERANCE"命令。

（3）弹出图 4－40 所示界面，按图中所示输入参数。

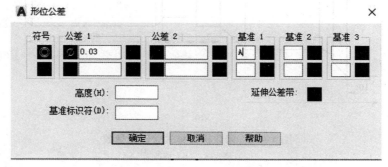

图 4－40 形位公差参数设置

（4）输入公差位置，生成多重引线将形位公差标注指向目标位置。

（5）执行"MLEADER"命令。

（6）指定引线箭头的位置。

（7）指定引线基线的位置。

最后生成的带引线的形位公差标注结果如图 4－41 所示。

图中 A 代表参照基准。

4）尺寸标注的编辑

设置"尺寸标注"图层为当前层。

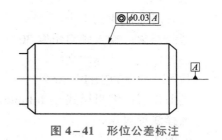

图 4－41 形位公差标注

（1）修改标注样式管理器参数。

执行"DIMSTYLE"命令。

修改轴类零件尺寸标注，将"箭头大小"由"1.5"改为"2.5"，将"文字高度"由"1.5"改为"2.5"，修改前后的对比如图 4－42（a）、图 4－42（b）所示。

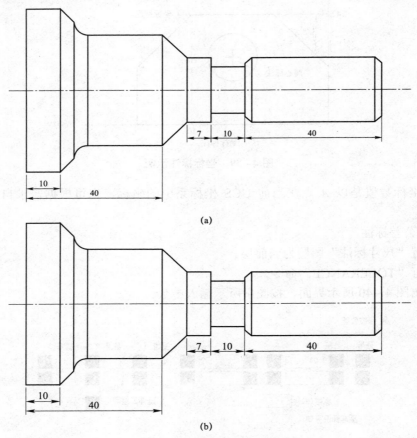

（a）

（b）

图 4－42　修改标注样式管理器参数

（a）修改前；（b）修改后

尺寸标注的编辑

（2）通过尺寸标注编辑命令来修改。

执行"DIMEDIT"命令。

输入标注编辑类型。

选择对象：找到 1 个。

选择对象：输入倾斜角度 30°（按<Enter>键表示无），效果如图 4－43 所示。

（3）修改尺寸标注文字。

执行"TEXTEDIT"命令。

当前设置：编辑模式＝Multiple。

选择注释对象。

如图 4－44（a）、图 4－44（b）所示，通过"文本编辑"命令来修改标注内容。

注意，可通过后续的知识来学习其他尺寸样式编辑的方式，这里不一一列举。

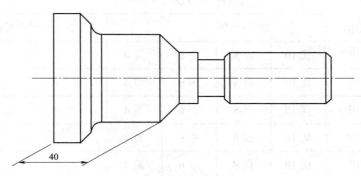

图 4-43 倾斜 30°标注

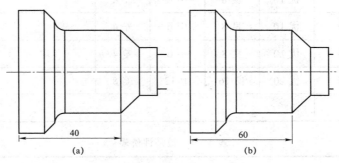

| (a) | (b) |

图 4-44 修改尺寸标注文字

（a）尺寸标注 40；（b）尺寸标注改为 60

任务评价

各组代表展示作品，介绍任务的完成过程，并完成表 4-7～表 4-9 所示的评价表。

表 4-7 学生自评表

班级：	姓名：	学号：		
任务：零件图尺寸标注				
评价项目	评价标准		分值	得分
学习态度	学习态度端正，热爱学习、提前预习		20	
学习习惯	勤奋好学、工作习惯良好		20	
上课纪律	课堂积极，无迟到、早退、旷课现象		20	
实践练习	思路清晰，绘图操作步骤正确、绘制的图形正确		20	
职业素养	安全生产、保护环境、爱护设施		20	
合计				

表4-8　小组互评表

任务：零件图尺寸标注					
评价项目	分值	等级			评价对象__组
计划合理	10	优 10	良 8	中 6	差 4	
方案准确	10	优 10	良 8	中 6	差 4	
团队合作	10	优 10	良 8	中 6	差 4	
组织有序	10	优 10	良 8	中 6	差 4	
工作质量	10	优 10	良 8	中 6	差 4	
工作效率	10	优 10	良 8	中 6	差 4	
工作完整	10	优 10	良 8	中 6	差 4	
工作规范	10	优 10	良 8	中 6	差 4	
成果展示	20	优 20	良 16	中 12	差 8	
合计					

表4-9　教师评价表

班级：	姓名：	学号：		
任务：零件图尺寸标注				
评价项目	评价标准		分值	得分
考勤	无迟到、旷课、早退现象		10	
完成时间	60 分钟满分，每多 10 分钟减 1 分		10	
理论填写	正确率 100%为 20 分		20	
绘图规范	操作规范、绘制图形美观正确		10	
技能训练	绘制正确满分为 20 分		20	
协调能力	与小组成员之间合作交流		10	
职业素养	安全工作、保护环境、爱护设施		10	
成果展示	能准确汇报工作成果		10	
合计				
综合评价	自评（20%）	小组互评（30%）	教师评价（50%）	综合得分

任务总结

（1）通过完成上述任务，你学到了哪些知识和技能？

_____

_____

_____

（2）在绘图过程中，有哪些需要注意的事项？

_____

_____

_____

知识学习

1. 圆心标注

使用"圆心标注"命令可标注圆的圆心或圆弧的圆心。标注的形式在"标注样式管理器"对话框的"符号和箭头"选项卡的"圆心标记"选项组里，可选择"标记"或"直线"选项设定，如图4-45所示。

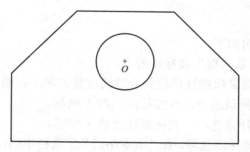

图4-45　圆心标注示例

"圆心标注"命令主要有以下2种操作方法。

（1）在命令行中输入"DIMCENTER"命令。

（2）单击菜单栏中的"标注"→"圆心标注"命令按钮⊕。

命令行提示如下：

命令：_DIMCENTER

选择圆弧或圆：　　　　　　　　　　　　　//选择对象即可实现圆心标注

2. 坐标标注

坐标型尺寸标注用于标注坐标，只有一个"坐标"命令。

在"标注"菜单中选择"坐标"选项，或者单击"标注"工具栏中的按钮，或在命令行输入"DIMORDINATE"命令，然后在命令行的提示下，指定点或输入选项，就可实现坐标标注，如图4-46所示。

进行坐标标注时，可以修改尺寸文本内容、尺寸文本角度；可以标注点的 X 坐标或 Y 坐标。

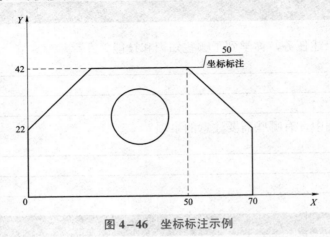

图 4-46　坐标标注示例

命令行提示如下：

命令：_DIMORDINATE　　　　　　　　　　//输入"坐标"命令

指定点坐标：　　　　　　　　　　　　　//"对象捕捉"要标注的点

指定引线端点或 [X基准（X）/Y基准（Y）/多行文字（M）/文字（T）/角度（A）]：

//上下移动鼠标指针到合适的位置，并单击

//显示标注点的 X 坐标

标注文字＝50

命令行提示中各项说明如下。

（1）指定点坐标："对象捕捉"要标注的点。

（2）指定引线端点：将鼠标指针移动到合适的位置，单击，确定标注引线端点。

（3）X 基准（X）：选择该选项，直接标注点的 X 坐标。

（4）Y 基准（Y）：选择该选项，直接标注点的 Y 坐标。

（5）多行文字（M）：选择该选项，在"文字格式"工具栏中修改尺寸文本，然后单击"确定"按钮。

（6）文字（T）：选择该选项，在命令行中根据命令行的提示输入新的坐标值。

（7）角度（A）：选择该选项，设置尺寸文本放置的角度。

注意：命令行提示"指定引线端点"时，如果相对于标注点左右移动鼠标指针，则将标注点的 X 坐标；如果相对于标注点上下移动鼠标指针，则将标注点的 Y 坐标；也可选择"X基准（X）"或"Y基准（Y）"选项，直接标注点的 X 坐标或 Y 坐标。

3. 形位公差标注

在产品加工及工程施工时很难做到分毫无差，因此必须考虑形位公差标注，否则最终不仅有尺寸误差，而且还有形状上的误差和位置上的误差。通常将形状误差和位置误差统称为"形位误差"，这类误差影响产品的功能，因此设计时应规定相应的"公差"，并按规定的标注符号标注在图样上。

通常情况下，形位公差的标注主要由公差框格和指引线组成，而公差框格内又主要包括

公差代号、公差值及基准代号。其中，第一个特征控制框为几何特征符号，表示应用公差的几何特征，如位置、轮廓、形状、方向或跳动。形位公差可以控制直线度、平行度、圆度和圆柱度。形位公差的典型组成结构如图4-47所示。下面简单介绍形位公差的标注方法。

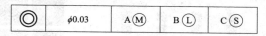

图4-47 形位公差的典型组成结构

在AutoCAD 2020中启用"形位公差"标注有如下常用方法。

功能区：在"注释"选项卡中，单击"标注"面板上的"公差"按钮，如图4-48所示。

菜单栏：单击"标注"→"公差"命令。

命令行：输入"TOLERANCE"或"TOL"。

图4-48 "标注"面板上的"公差"按钮

要在AutoCAD 2020中添加一个完整的形位公差，可遵循以下步骤。

1）绘制基准代号和箭头指引线

通常在进行形位公差标注之前要先指定公差的基准位置，绘制公差基准代号，并在图形上的合适位置利用引线工具绘制公差标注的箭头指引线，如图4-49所示。

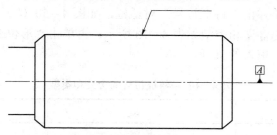

图4-49 绘制公差基准代号和箭头指引线

2）指定形位公差符号

通过前面介绍的方法执行"公差"命令后，系统弹出"形位公差"对话框，如图4-50（a）所示。选择对话框中的"符号"色块，系统弹出"特征符号"对话框，选择公差符号，即可完成公差符号的指定，如图4-50（b）所示。

3）指定公差值和包容条件

在"形位公差"对话框中的"公差1"区域中的文本框中直接输入公差值，并选择后侧的色块，弹出"附加符号"对话框，在对话框中选择所需的包容条件符号即可完成指定。

4）指定基准并放置公差框格

在"基准1"区域中的文本框中直接输入该公差基准代号A，然后单击"确定"按钮，并在图中所绘制的箭头指引处放置公差框格，即可完成公差标注，如图 4-51 所示。

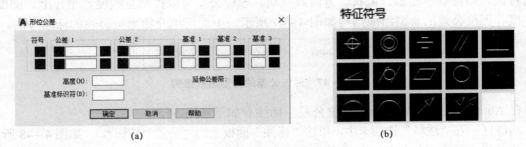

图 4-50　指定形位公差符号

（a）"形位公差"对话框；（b）"特征符号"对话框

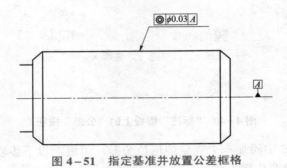

图 4-51　指定基准并放置公差框格

　　通过"形位公差"对话框，可添加特征控制框里的各个符号及公差值等。各个区域的含义如下。

　　符号：单击■，系统弹出"特征符号"对话框，如图 4-50（b）所示，在该对话框中选择公差符号，各个符号的含义和类型如表 4-10 所示。再单击"形位公差"对话框中"符号"区域中的■，表示清空已填入的符号。

表 4-10　特征符号的含义和类型

符号	含义	类型
⊕	位置	位置
◎	同轴（同心）度	位置
⹀	对称度	位置
//	平行度	方向
⊥	垂直度	方向
∠	倾斜度	方向
⌒	圆柱度	形状
▱	平面度	形状
○	圆度	形状

续表

符号	含义	类型
⎯	直线度	形状
⌒	面轮廓度	轮廓
⌒	线轮廓度	轮廓
↗	圆跳动	跳动
↗↗	全跳动	跳动

公差 1/公差 2：每个"公差"区域包含 3 个框。第一个为■，单击后可插入直径符号；第二个为文本框，可输入公差值；第三个为■，单击后弹出"附加符号"对话框（见图 4-52），用来插入公差的包容条件。其中符号 M 代表材料的一般中等情况；L 代表材料的最大状况；S 代表材料的最小状况。

基准 1/基准 2/基准 3：用来添加基准参照，3 个区域分别对应第一级、第二级和第三级基准参照。

高度：创建特征控制框中的投影公差零值。

基准标识符：输入由参照字母组成的基准标识符。

延伸公差带：在延伸公差带值的后面插入延伸公差带符号。

如果标注带引线的形位公差，则可通过两种引线方法实现：执行"多重引线"命令，不输入任何文字，直接创建箭头，然后运行形位公差并标注于引线末端，如图 4-53 所示；执行"快速引线"命令后，选择其中的"公差"选项，实现带引线的形位公差标注，如图 4-54 所示。

附加符号

图 4-52 "附加符号"对话框

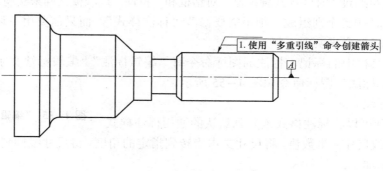

1. 使用"多重引线"命令创建箭头

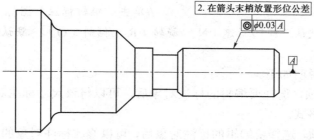

2. 在箭头末梢放置形位公差

图 4-53 使用"多重引线"命令标注形位公差

167

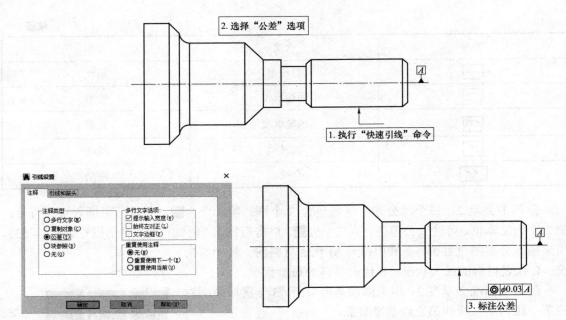

图 4-54 使用"快速引线"命令标注形位公差

4. 尺寸标注的编辑

如果发现已完成的尺寸标注不正确，则需要删除后重新标注或修改。尺寸标注的 4 个基本组成即尺寸界线、尺寸线、尺寸箭头和尺寸文本都可以在"标注样式管理器"对话框中修改。而在"标注样式管理器"对话框中修改会影响此样式的全部尺寸标注的格式。因此，若要修改全部的标注格式，则可通过"标注样式管理器"对话框和"特性"选项板共同来实现。若只想修改一个尺寸标注或标注中的个别组成，则不需要修改"标注样式"，而只需要用下述方式来实现。

1）通过图标命令来实现

"标注"工具栏中的标记、标注的图标命令有"编辑标注""编辑标注文字""编辑更新"等，其中"编辑标注"图标命令如图 4-55 所示。

（1）编辑标注。

此编辑命令可以将标注格式恢复到默认的通用标注样式

图 4-55 "编辑标注"图标命令

的格式，可以修改尺寸文本数值，将尺寸文本旋转到指定的角度，将尺寸线倾斜到指定的角度。

命令行提示如下：

命令：_DIMEDIT　　　　　　　　　　　　//单击"编辑标注"图标

输入标注编辑类型［默认（H）/新建（N）/旋转（R）/倾斜（O）]＜默认＞：//输入选项

选择对象：

命令行提示中各选项说明如下。

默认（H）：选择此选项，选择要编辑的标注对象后，可以将该尺寸标注对象的文字恢复到默认的通用标注样式的格式。

新建（N）：选择此选项，选择要编辑的标注对象后，可以修改标注对象的尺寸文本数值。

旋转（R）：选择此选项后，根据命令行的提示输入标注文字的角度，选择要编辑的标注对象后，可以将标注对象的尺寸文本旋转到指定的角度。

倾斜（O）：选择此选项，旋转要编辑的标注对象后，命令行基线提示"输入倾斜角度（按<Enter>键表示无）："，输入一个角度值，并按<Enter>键，可以将标注对象的尺寸线倾斜到指定角度。

（2）编辑标注文字。

此编辑命令可以用于修改标注对象的尺寸文本的位置。

命令行提示如下：

命令：_DIMTEDIT　　　　　　　　　　　//单击"编辑标注文字"图标

选择标注：

指定标注文字的新位置或［左（L）/右（R）/中心（C）/默认（H）/角度（A）］：

//输入选项

命令行提示中各选项说明如下。

指定标注文字的新位置：这是默认的操作，可以上下、左右移动鼠标指针，实现标注对象的尺寸文本处于新的位置，同时尺寸线和尺寸界线随之延伸或平行变化。

左（L）：选择此选项，可以使标注对象的尺寸文本处于尺寸线左端。

右（R）：选择此选项，可以使标注对象的尺寸文本处于尺寸线右端。

中心（C）：选择此选项，可以使标注对象的尺寸文本处于尺寸线中间。

默认（H）：选择此选项，可以使标注对象的尺寸文本处于样式里设置的格式。

角度（A）：选择此选项，可以使标注对象的尺寸文本旋转指定的角度。

（3）编辑更新。

此编辑命令可以使"替代样式"的格式在要修改的尺寸对象上实现。

如图4-56（a）所示，该半径的标注使用的是通用"机械"样式，当把该样式"替代"，改变文字对齐方式为"水平"后，使用"编辑更新"命令，旋转半径标注对象，按<Enter>键，结果如图4-56（b）所示。

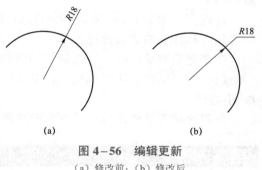

图4-56　编辑更新
（a）修改前；（b）修改后

命令行提示如下：

命令：_DIMRADIUS　　　　　　　　　　//输入"半径标注"命令

选择圆弧或圆：

标注文字=18

指定尺寸线位置或［多行文字（M）/文字（T）/角度（A）］：

//结果如图4-56（a）所示

//在"标注样式管理器"对话框中单击"替代"按钮，在"文字"选项卡中

//选择文字"水平"对齐，单击"确定"按钮，再单击"关闭"按钮

//单击"编辑更新"图标，命令行继续提示

命令：_DIMSTYLE

当前标注样式：机械

当前标注替代：

DIMTIH　　　　开

DIMTOH　　　　开

输入标注样式选项

［保存（S）/恢复（R）/状态（ST）/变量（V）/应用（A）/?　］<恢复>：_APPLY

选择对象：找到 1 个　　　　　　　//选择图 4－56（a）所示的半径尺寸标注对象

选择对象：　　　　　　　　　　　//按<Enter>键，结果如图 4－56（b）所示

2）通过菜单命令编辑尺寸标注

"标注"菜单中的"倾斜""对齐文字""更新"选项，分别对应图标命令"编辑标注"中的"倾斜""编辑标注文字""编辑更新"选项，操作方式同上。

3）通过命令行输入命令

（1）通过命令行输入"DIMEDIT"，对应图标命令"编辑标注"。

（2）通过命令行输入"DIMTEDIT"，对应图标命令"编辑标注文字"。

4）通过快捷菜单输入命令

单击选定对象，将十字光标移动到此对象文字标注的亮显节点上，会出现标注文字位置菜单，选择"拉伸""随尺寸线移动""仅移动文字""随引线移动""在尺寸线上方""垂直居中""垂直文字位置"等选项，可以修改文字位置。

在选定对象上右击，在"精度"的下一级菜单中选择具体精度，可以改变标注文字的小数点位数。

在选定对象上右击，在"标注样式"的下一级菜单中会列出所有样式，选择其中的样式，所选尺寸标注的格式按此样式显示。

单击选定对象，将十字光标移动到此对象箭头的亮显节点上，选择"拉伸""连续标注""基线标注""翻转箭头"等选项，可以修改箭头位置。

● 小提示

　　使用快捷菜单修改标注很有实际应用价值，应该掌握。

拓展训练

1. 绘制如下图所示的零件图，在图中圆心位置创建圆心标记，并标注圆心坐标和其他位置坐标。

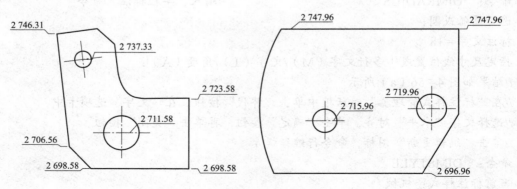

2. 绘制如下图所示的零件图，对轴类零件图标注形位公差和尺寸公差。

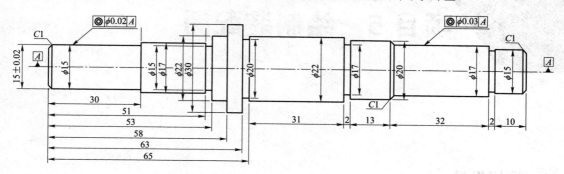

项目 5　绘制装配图

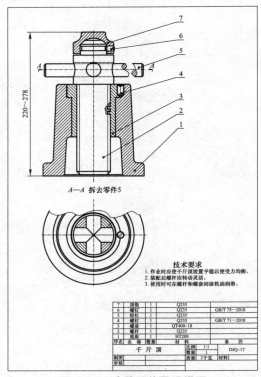

项目描述

装配图是用来表达机器（或部件）的工作原理、装配关系的图样。完整的装配图由一组视图、尺寸标注、技术要求、明细栏和标题栏组成。对于经常绘制装配图的用户，将常用零件、部件、标准件和专业符号等做成图库。例如，将轴承、弹簧、螺钉、螺栓等制作成公用图块库，在绘制装配图时采用块插入的方法插入装配图中，可提高绘制装配图的效率。

当机器（或部件）的大部分零件图已由 AutoCAD 2020 绘出时，就可以采用 AutoCAD 2020 插入图形文件的方法拼画装配图。

千斤顶在木材加工中是很常见的一种工具，下面以绘制图 5-1 所示的千斤顶装配图为例，介绍拼画装配图的方法和步骤。

图 5-1　千斤顶装配图样图

任务 1　拼画装配图

任务描述

根据课前完成的千斤顶零件图拼画装配图。

任务目标

（1）了解图块的概念、分类及特点。
（2）掌握写块（外部块）的创建、插入方法。
（3）掌握图块属性的设置方法。
（4）掌握图块的编辑方法。
（5）选择合适的插入基点。
（6）插入图块后，能将图块分解并删除、修剪多余线条。

任务分组

班级		组号		指导老师	
组长		学号			
组员					

任务准备

引导问题 1：千斤顶的工作原理是什么？

_____

_____

引导问题 2：装配图的主视图的选择依据是什么？

_____

_____

引导问题 3：图块的概念是什么？图块有哪两种类型？

_____

_____

引导问题 4： 图块功能有哪些优势？

_____

_____

_____

引导问题 5： 写块（外部块）的创建命令是什么？

_____

_____

_____

引导问题 6： AutoCAD 2020 中有哪些图形可以创建为图块？

_____

_____

_____

引导问题 7： 把零件图放置到合适位置后，如何判断哪些线条需要删除或修剪？

_____

_____

_____

_____

任务实施

1. 启动 AutoCAD 2020

单击"开始"→"程序"→"Autodesk"→"AutoCAD 2020 – Simplified Chinese"→"AutoCAD 2020"命令，启动软件。

2. 创建写块

将绘制好的 5 个零件图分别创建为写块（以底座为例，其他零件请同学们参考此步骤）。

（1）在制作零件图块之前，为了让我们能更清晰地看到零件与零件之间的装配关系，我们可以暂时关闭尺寸线图层和剖面线图层，如图 5-2 所示。

（2）将每个零件用"Wblock"命令定义为 dwg 文件，相关设置如图 5-3 所示。为方便零件间的装配，块的基点应选择在与其零件有装配关系或定位关系的关键点上（注意：选择合适文件保存路径）。

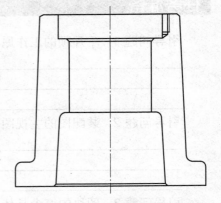

图 5-2 关闭尺寸层和剖面线层效果

3. 分别插入图块

新建文件，命名为"千斤顶装配图"。绘图前应当进行必要的设置，统一图层线型、线宽、颜色，各零件的比例应当一致，为了绘图方便，比例选择为 1:1。

插入图块的方法有以下 4 种。

图 5-3　"写块" 对话框

（1）菜单命令：单击 "插入" → "块" 命令。

（2）工具栏：单击 "绘图" → "插入块" 按钮。

（3）命令行：输入 "INSERT"。

（4）快捷键：按<I>键。

使用 "INSERT" 命令每次可插入单个图块，而且可为图块指定插入点、缩放比例和旋转角度等参数。

下面以主视图为例，详细讲解拼画过程。

① 插入 "千斤顶底座" 图块，如图 5-4、图 5-5 所示。

图 5-4　插入图块对话框

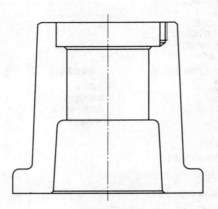

图 5-5 插入"千斤顶底座"图块效果

② 按照图 5-6 所示步骤插入螺杆。选择对象，旋转 270°后选择合适的基点插入。此步骤注意要打开对象捕捉。

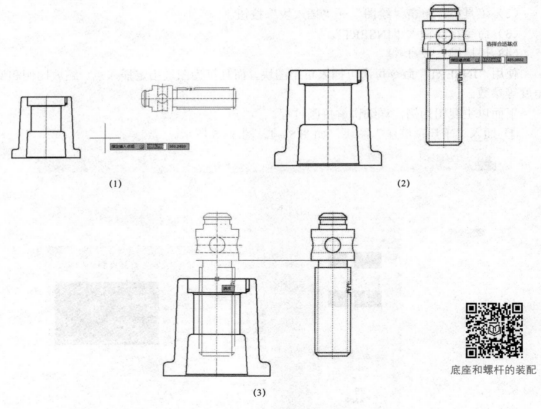

(1)　　　　　　　(2)

(3)

底座和螺杆的装配

图 5-6 插入螺杆步骤

③ 插入螺套，如图 5-7 所示，步骤参考上一步。

④ 插入铰杠，如图 5-8 所示。

⑤ 插入顶垫，其步骤如图 5-9 所示，完成拼装，效果如图 5-10 所示。

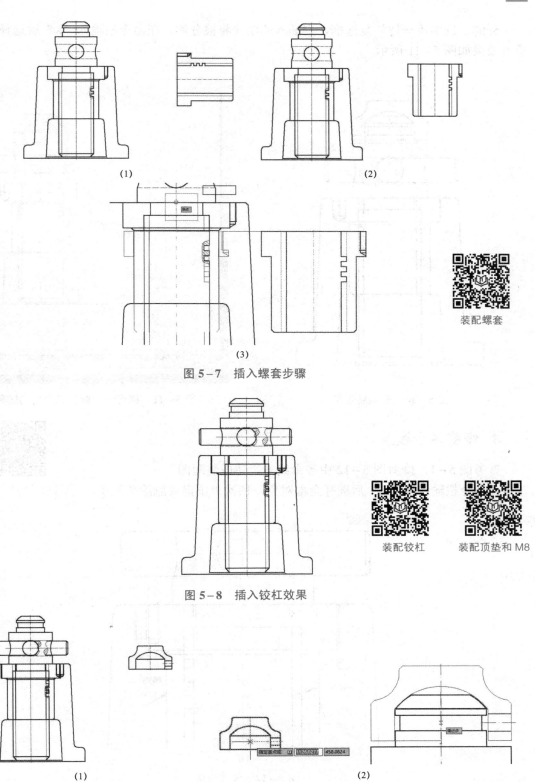

(1)　　　　　　　　　　　　(2)

装配螺套

(3)

图 5-7　插入螺套步骤

装配铰杠　　装配顶垫和 M8

图 5-8　插入铰杠效果

(1)　　　　　　　　　　　　(2)

图 5-9　插入顶垫步骤

分解：选中"分解"复选框，则插入的图块将被分解。在命令栏输入"x"后选择对象，最后效果如图 5-11 所示。

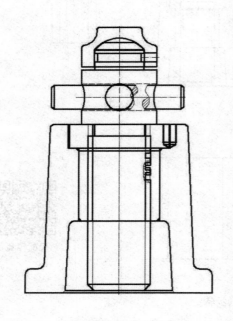

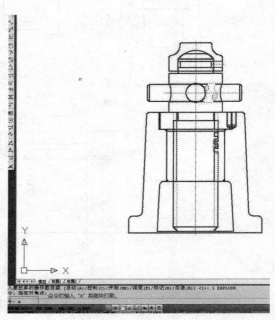

图 5-10　拼装后效果　　　　　图 5-11　执行"分解"命令后的效果

4. 修剪多余线条

参考图 5-1，修剪图 5-12 中多余线条，完成装配图。

在命令栏输入"trim"后选择全部对象，依次单击需要删除的线条。

装配 M10

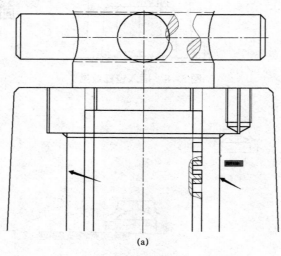

(a)

图 5-12　多余线条

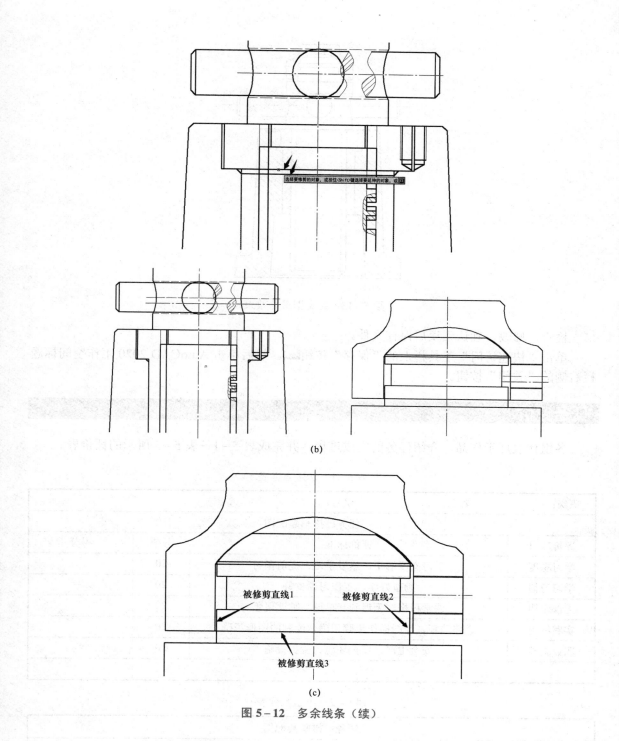

(b)

(c)

图 5-12　多余线条（续）

5. 补画缺少的线条及剖面线

补画缺少的线条及剖面线，最终效果如图 5-13 所示。

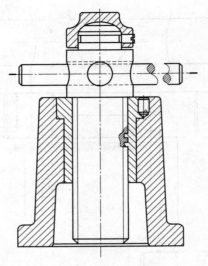

图 5-13　装配图最终效果

检查、修改，确认无误后保存文件。

单击"快速访问"工具栏上的"保存"按钮。然后单击 AutoCAD 2020 工作空间标题栏右侧的"关闭"按钮。

任务评价

各组代表展示作品，介绍任务的完成过程，并完成表 5-1～表 5-3 所示的评价表。

表 5-1　学生自评表

班级：	姓名：		学号：	
任务：拼画装配图				
评价项目	评价标准		分值	得分
学习态度	学习态度端正，热爱学习、提前预习		20	
学习习惯	勤奋好学、工作习惯良好		20	
上课纪律	课堂积极，无迟到、早退、旷课现象		20	
实践练习	思路清晰，绘图操作步骤正确、绘制的图形正确		20	
职业素养	安全生产、保护环境、爱护设施		20	
合计				

表 5-2　小组互评表

任务：拼画装配图					
评价项目	分值	等级			评价对象__组
计划合理	10	优 10	良 8	中 6	差 4

续表

评价项目	分值	等级				评价对象__组
方案准确	10	优 10	良 8	中 6	差 4	
团队合作	10	优 10	良 8	中 6	差 4	
组织有序	10	优 10	良 8	中 6	差 4	
工作质量	10	优 10	良 8	中 6	差 4	
工作效率	10	优 10	良 8	中 6	差 4	
工作完整	10	优 10	良 8	中 6	差 4	
工作规范	10	优 10	良 8	中 6	差 4	
成果展示	20	优 20	良 16	中 12	差 8	
合计						

表 5-3　教师评价表

班级：	姓名：		学号：		
任务：拼画装配图					
评价项目	评价标准			分值	得分
考勤	无迟到、旷课、早退现象			10	
完成时间	60 分钟满分，每多 10 分钟减 1 分			10	
理论填写	正确率 100%为 20 分			20	
绘图规范	操作规范、绘制图形美观正确			10	
技能训练	绘制正确满分为 20 分			20	
协调能力	与小组成员之间合作交流			10	
职业素养	安全工作、保护环境、爱护设施			10	
成果展示	能准确汇报工作成果			10	
合计					
综合评价	自评（20%）	小组互评（30%）	教师评价（50%）	综合得分	

任务总结

（1）通过完成上述任务，你学到了哪些知识和技能？

_____

_____

（2）在绘图过程中，有哪些需要注意的事项？

_____

_____

_____

知识学习

1. 装配图的概念

装配图是表达机器或部件的图样，主要反映机器或部件的工作原理、装配关系、结构形状和技术要求，既是指导机器或部件的安装、检验、调试、操作、维护的重要参考资料，同时又是进行技术交流的重要技术文件。

与手工绘图相比，用 AutoCAD 2020 绘制装配图的过程更容易、更有效。设计时，可先将各零件准确地绘制出来，然后拼画成装配图。同时，在 AutoCAD 2020 中修改或创建新的设计方案及拆画零件图也变得更加方便。

2. 装配图的画法

运用 AutoCAD 2020 绘制二维装配图一般可分为直接绘制法、图块插入法、插入图形文件法，以及用设计中心插入图块等方法。下面主要介绍前 2 种方法。

1）直接绘制法

这种绘制装配图的方法适用于在设计过程中画设计装配图，但是画图比较麻烦，与手工绘图类似，优点是拆图比较方便。

2）图块插入法

图块插入法是将装配图中的各个零部件的图形先制作成图块，然后再按零件间的相对位置将图块逐个插入，拼画成装配图。目前利用 AutoCAD 2020 绘制装配图大多数都是用这种方法，故本书重点向同学们介绍这种方法。

3. 图块

1）图块的概念

图块是一组图形实体的总称，在该图形单元中，各实体可以具有各自的图层、线型、颜色等特征。在应用过程中，AutoCAD 2020 将图块作为一个独立的、完整的对象来操作。用户可以根据需要按一定比例和角度将图块插入任一指定位置。

2）图块的分类

使用"block"命令创建的图块常被称为内部图块，跟随定义它的图形文件一起保存，即图块保存在图形文件内部。内部图块只能在该图形文件内调用。使用"block"命令创建的图块保存在图形文件内部，它不是一个单独的文件，一般不能被应用到其他图形文件中。

使用"Wblock"命令创建的图块可以将图块保存为一个单独的文件，该文件可以被任何图形文件所使用。很显然，我们这里使用的是"Wblock"命令。这样的图块我们称为"写块"，又称为"外部块""块存盘"。

3）写块的创建

在命令行输入"Wblock"或按快捷键<W>，系统将打开"写块"对话框。通过该对话框即可将已定义的图块或所选定的对象以文件的形式保存在磁盘上。

● 小提示

如果没有选择插入点，则系统将默认坐标原点为插入点；创建块必须要有块名，并且名称要尽可能表达这个块的用途。

拓展训练

1. 尝试将以下粗糙度标注（见图（a））创建为内部图块（利用"block"命令），并完成零件图（见图（b））的标注。

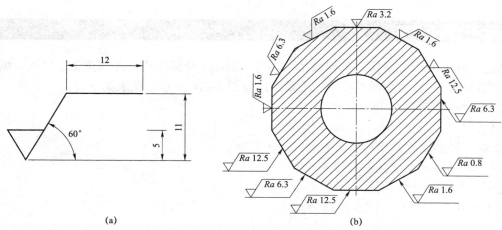

(a)　　　　　　　　　　　　　(b)

2. 从图库中调取以下 5 个零件：螺栓、螺母、弹垫、平垫、钢板（见图（a）），请用图块插入法完成装配图（见图（b））。

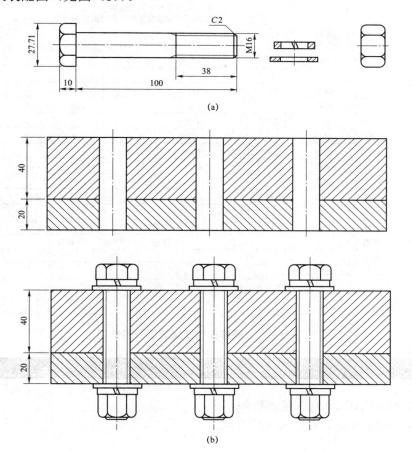

(a)

(b)

任务 2　绘制标题栏、明细栏并填写

任务描述

利用 AutoCAD 2020 中"创建表格"功能，创建一个标题栏，并创建文字样式，填写标题栏、明细栏，注写装配图的技术加工要求，如图 5-14 所示，要求如下。

图名："千斤顶"，5 号字。

单位："××职业技术学院"，5 号字。

制图：（绘图者姓名填写本人姓名），2.5 号字。

审核：（审核者名字张三），2.5 号字。

比例、数量、质量、材料：3.5 号字。

技术要求：5 号字，其余字高都为 2.5。

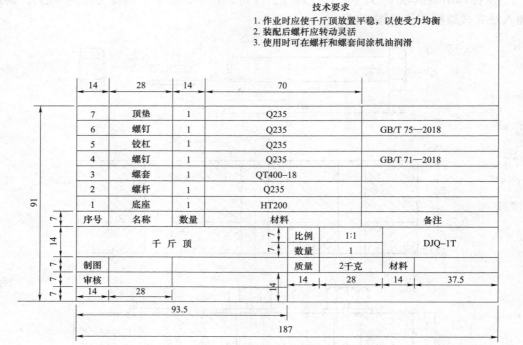

图 5-14　表格样式及文字填写图样

任务目标

（1）掌握 AutoCAD 2020 创建表格的方法。

（2）掌握"表格样式"命令的使用方法。

（3）掌握"绘制表格"命令的使用方法。

（4）掌握"修改表格"命令的使用方法。

（5）掌握创建、修改文字样式的相关知识。

（6）掌握单行、多行文字的书写方法。

（7）掌握文字格式的设置。

任务分组

班级		组号		指导老师	
组长		学号			
组员					

任务准备

引导问题 1：明细栏表格样式的创建方法以及相关线型如何设置？

_____

_____

引导问题 2：如何选择当前单元格的样式、编辑文字的样式及表格线的外观？

_____

_____

引导问题 3："表格样式"命令的使用方法具体是什么？

_____

_____

引导问题 4："绘制表格"命令的使用方法具体是什么？

_____

_____

引导问题 5："修改表格"命令的使用方法具体是什么？

_____

_____

引导问题 6：什么是文字样式？它包括哪些参数？

_____

_____

引导问题 7：单行文字和多行文字的命令分别是什么？

_____

_____

_____

引导问题 8：文字描述可以解决工程图样中哪些问题？

_____

_____

_____

任务实施

1. 启动 AutoCAD 2020

单击"开始"→"程序"→"Autodesk"→"AutoCAD 2020 – Simplified Chinese"→"AutoCAD 2020"命令，启动软件。

2. 创建标题栏和明细栏

绘制标题栏

1）创建表格命令

单击 ⊞ 表格 按钮或者在命令行中输入"TB"，弹出"插入表格"对话框，按照绘图要求进行设置，如图 5–15 所示。

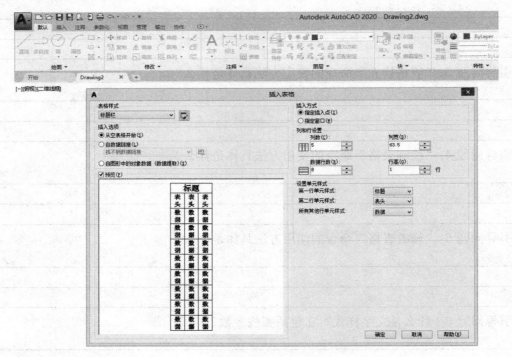

图 5–15 "插入表格"对话框

根据样图，先将"数据行数"设置为"5"，"列数"设置为"7"。

2）新建表格样式

单击图 5-15 中"表格样式"按钮，或在命令行输入"TS"，弹出"表格样式"对话框，如图 5-16 所示，并新建表格样式名称为"明细栏"（根据个人需要修改），这一步也可以放在最后执行。

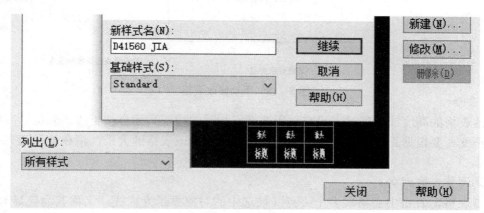

图 5-16　"表格样式"对话框

3）进行表格的各项"单元样式"设置

单击图 5-16 中"继续"按钮，进行样式中的"标题""表头"和"数据"设置，每个单元样式分别包括常规、文字、边框设置，如图 5-17 所示。

图 5-17　设置"单元样式"对话框

绘制明细栏

4）调整明细栏（表格）

（1）手动修改表格。

表格创建完成后，用户可以单击该表格上的任意网格线以选中该表格，然后通过使用"特性"选项板或夹点来修改该表格，如图 5-18 所示。

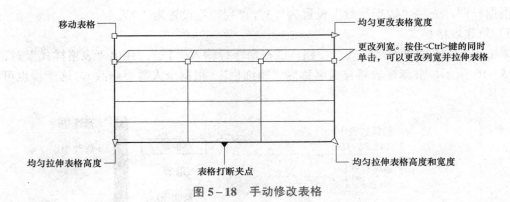

图 5-18　手动修改表格

更改表格的高度或宽度时，只有与所选夹点相邻的行或列才会被更改，表格的高度或宽度保持不变。要根据正在编辑的行或列的大小按比例更改表格的大小，请在使用列夹点时按<Ctrl>键。

（2）调整表格列宽。

单击表格，表格中会出现多个夹点（被选中的对象显示为虚线，又称其为亮显），现按<Ctrl+1>组合键，或者右击，选择快捷菜单中的"特性"选项，打开"特性"对话框，设置"表格打断"选项，如图 5-19 所示。

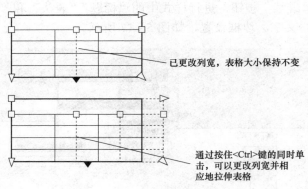

图 5-19　调整表格列宽

说明：表格打断可以将包含大量数据的表格打断成主要和次要的表格片断。使用表格底部的表格打断夹点，可以使表格覆盖图形中的多列或操作已创建的不同的表格部分。同时也可以设定表格的总高度和宽度。

5）修改表格的单元宽度和单元高度

（1）手动修改。

在单元内单击以选中它，单元边框的中央将显示夹点。在另一个单元内单击可以将选中的内容移到该单元。拖动单元上的夹点可以使单元及其列或行更宽或更窄，如图 5-20 所示。

要选择多个单元，请单击并在多个单元上拖动。按住<Shift>键并在另一个单元内单击，可以同时选中这两个单元以及它们之间的所有单元。

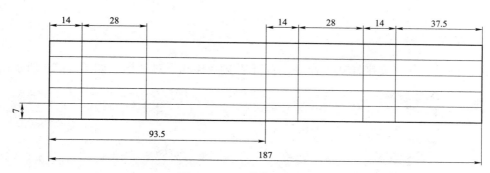

图 5－20　调整单元格间距

（2）特性修改（确定）。

单击单元格，再按<Ctrl＋1>组合键，或者右击，选择快捷菜单中的"特性"选项，打开"特性"对话框，修改"单元宽度"和"单元高度"文本框中的数值。

6）合并和取消合并单元

选中表格中的前 2 行和前 3 列列表单元，在"功能区"选项板中选择"表格"选项卡，在"合并"面板中单击"合并单元"按钮，在弹出的菜单中选择"合并全部"选项，将选中的表格合并为一个表格单元，如图 5－21 所示。

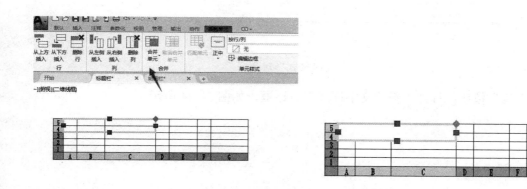

图 5－21　合并单元格

使用同样的方法，按照图 5－22 编辑表格。

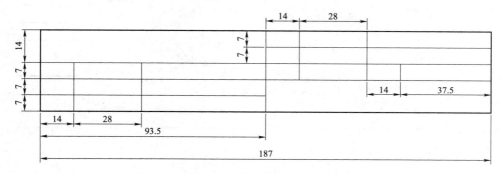

图 5－22　标题栏尺寸要求

3. 创建文字样式

单击"格式"→"文字样式"命令，打开"文字样式"对话框，如图 5-23 所示。

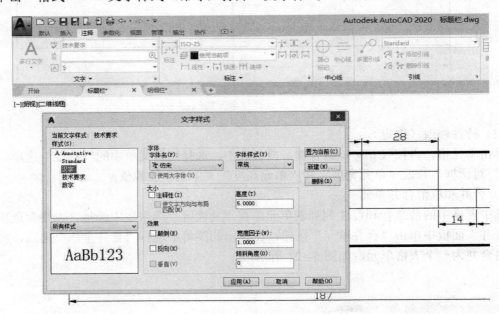

图 5-23 "文字样式"对话框

单击"新建"按钮，打开"新建文字样式"对话框，如图 5-24 所示。

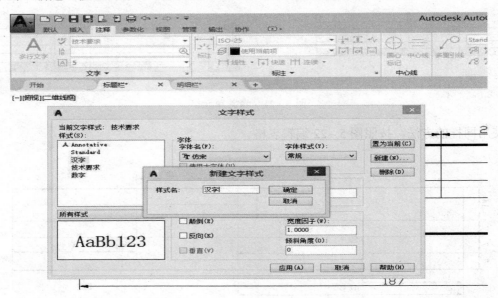

图 5-24 "新建文字样式"对话框

在"样式名"文本框中输入样式名"汉字"，单击"确定"按钮，返回"文字样式"对话框。

将"字体名"设置为"仿宋"，"字体样式"设置为"常规"，"高度"设置为 5，"宽度因子"设置为 1，"倾斜角度"设置为 0，如图 5－25 所示。

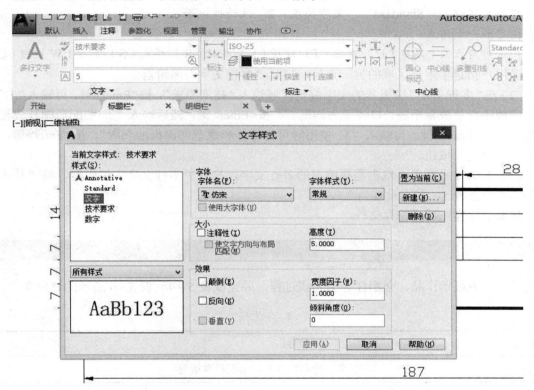

图 5－25　设置文字样式参数

单击"应用"按钮，将文字样式设置为当前。

单击"关闭"按钮，保存样式设置。

重复以上步骤，建立"西文"标注样式。

填写标题栏和明细栏

4. 填写标题栏、明细栏中的文字

（1）单击"绘图"→"文字"→"单行文字"命令，命令行提示如下：

命令：text

当前文字样式：Standard　　文字高度：2.5000 注释性：否

指定文字的起点或［对正（J）/样式（S）］：　　//指定文字起点

指定高度<2.5000>　　　　　　　　　　　　　//输入"5"，按<Enter>键

置顶文字的旋转角度<0>

在文本框中输入"千斤顶"。

（2）用同样的方法依次填写图 5－14 中标题栏、明细栏内的文字。

填写技术要求

5. 书写技术要求

（1）单击"绘图"→"文字"→"多行文字"命令，命令行提示如下：

命令：mtext

当前文字样式：Standard　　文字高度：2　注释性：否

指定第一个角点：

指定对角点或［高度（H）/对正（J）/行距（L）/旋转（R）/样式（S）/宽度（W）/栏（C）]

当用户指定了矩形区域的另一点后，打开"多行文字"编辑器。

（2）在"多行文字"编辑器的文字编辑区域输入"技术要求"，按<Enter>键，再输入"1. 作业时应使千斤顶放置平稳，以使受力均衡。"，按<Enter>键；然后输入"2. 装配后螺杆应转动灵活。"，按<Enter>键；再输入"3. 使用时可在螺杆和螺套间涂机油润滑"，按<Enter>键，最后单击"确定"按钮。

（3）编辑技术要求。双击需要编辑的多行文字，打开"多行文字"编辑器，将"技术要求"字高设置为5，其余设置为2.5。

按要求操作完后，保存文件。

任务评价

各组代表展示作品，介绍任务的完成过程，并完成表5-4～表5-6所示的评价表。

表5-4　学生自评表

班级：	姓名：	学号：		
任务：绘制标题栏、明细栏并填写				
评价项目	评价标准		分值	得分
学习态度	学习态度端正，热爱学习、提前预习		20	
学习习惯	勤奋好学、工作习惯良好		20	
上课纪律	课堂积极，无迟到、早退、旷课现象		20	
实践练习	思路清晰，绘图操作步骤正确、绘制的图形正确		20	
职业素养	安全生产、保护环境、爱护设施		20	
合计				

表5-5　小组互评表

任务：绘制标题栏、明细栏并填写						
评价项目	分值	等级				评价对象__组
计划合理	10	优10	良8	中6	差4	
方案准确	10	优10	良8	中6	差4	

续表

评价项目	分值	等级				评价对象__组
团队合作	10	优 10	良 8	中 6	差 4	
组织有序	10	优 10	良 8	中 6	差 4	
工作质量	10	优 10	良 8	中 6	差 4	
工作效率	10	优 10	良 8	中 6	差 4	
工作完整	10	优 10	良 8	中 6	差 4	
工作规范	10	优 10	良 8	中 6	差 4	
成果展示	20	优 20	良 16	中 12	差 8	
合 计						

表 5-6 教师评价表

班级：	姓名：	学号：		
任务：绘制标题栏、明细栏并填写				
评价项目	评价标准		分值	得分
考勤	无迟到、旷课、早退现象		10	
完成时间	60 分钟满分，每多 10 分钟减 1 分		10	
理论填写	正确率 100%为 20 分		20	
绘图规范	操作规范、绘制美观正确		10	
技能训练	绘制正确满分为 20 分		20	
协调能力	与小组成员之间合作交流		10	
职业素养	安全工作、保护环境、爱护设施		10	
成果展示	能准确汇报工作成果		10	
合 计				
综合评价	自评（20%）	小组互评（30%）	教师评价（50%）	综合得分

任务总结

（1）通过完成上述任务，你学到了哪些知识和技能？

（2）在绘图过程中，有哪些需要注意的事项？

_____

_____

_____

　　文字是工程图样中不可缺少的部分，为了正确地表达设计思想，除了用视图表达机件的形状、结构外，还需要在图样中标注尺寸、书写技术要求、填写标题栏等。

1. 创建表格

1）新建表格样式

　　单击"格式"→"表格样式"命令，打开"表格样式"对话框。单击"新建"按钮，可以使用打开的"创建新的表格样式"对话框创建新的表格样式。

　　在"新样式名"文本框中输入新的表格样式名，在"基础样式"下拉列表中选择默认的表格样式、标准的或者任何已经创建的样式，新样式将在该样式的基础上进行修改。然后单击"继续"按钮，将打开"新建表格样式"对话框，可以通过它指定表格的行格式、表格方向、边框特性和文本样式等内容。

2）设置表格的数据、列标题和标题样式

　　在"新建表格样式"对话框中，可以使用"数据""列标题"和"标题"选项卡分别设置表格的数据、列表题和标题对应的样式。

3）管理表格样式

　　在 AutoCAD 2020 中，还可以使用"表格样式"对话框来管理图形中的表格样式。在该对话框的"当前表格样式"后面，显示当前使用的表格样式（默认为 Standard）；在"样式"列表中显示了当前图形所包含的表格样式；在"预览"窗口中显示了选中表格的样式；在"列出"下拉列表中，可以选择"样式"列表是显示图形中的所有样式，还是正在使用的样式。

　　此外，在"表格样式"对话框中，还可以单击"置为当前"按钮，将选中的表格样式设置为当前；单击"修改"按钮，在打开的"修改表格样式"对话框中修改选中的表格样式；单击"删除"按钮，删除选中的表格样式。

4）创建表格

　　单击"绘图"→"表格"命令，打开"插入表格"对话框。在"表格样式设置"选项组中，可以从"表格样式名称"下拉列表中选择表格样式，或单击其后的按钮，打开"表格样式"对话框，创建新的表格样式。在该选项组中，还可以在"文字高度"下面显示当前表格样式的文字高度，在"预览"窗口中显示表格的预览效果。

　　在"插入方式"选项组中，选中"指定插入点"单选按钮，可以在绘图窗口中的某点插入固定大小的表格；选中"指定窗口"单选按钮，可以在绘图窗口中通过拖动表格边框来创建任意大小的表格。

　　在"列和行设置"选项组中，可以通过改变"列数""列宽""数据行数"和"行高"文

本框中的数值来调整表格的外观大小。

5）编辑表格及单元格

从表格的快捷菜单中可以看到，可以对表格进行剪切、复制、删除、移动、缩放和旋转等简单操作，还可以均匀调整表格的行、列大小，删除所有特性替代。当执行"输出"命令时，还可以打开"输出数据"对话框，以.csv格式输出表格中的数据。

当选中表格后，在表格的四周、标题行上将显示许多夹点，也可以通过拖动这些夹点来编辑表格。

使用表格单元快捷菜单可以编辑表格单元，其主要命令选项的功能说明如下。

"单元对齐"命令：在该命令子菜单中可以选择表格单元的对齐方式，如左上、左中、左下等。

"单元边框"命令：执行该命令将打开"单元边框特性"对话框，可以设置单元格边框的线宽、颜色等特性。

"匹配单元"命令：用当前选中的表格单元格式（源对象）匹配其他表格单元（目标对象），此时鼠标指针变为刷子形状，单击目标对象即可进行匹配。

"插入块"命令：执行该命令将打开"在表格单元中插入块"对话框。可以从中选择插入到表格中的块，并设置块在表格单元中的对齐方式、比例和旋转角度等特性。

"合并单元"命令：当选中多个连续的表格单元后，使用该子菜单中的命令，可以全部、按列或按行合并表格单元。

2. 创建文字样式

在 AutoCAD 2020 中，所有文字都有与之相关联的文字样式。在创建文字注释和尺寸标注时，AutoCAD 2020 通常使用当前的文字样式，也可以根据具体要求重新设置文字样式或创建新的样式。文字样式包括文字的"字体""高度""宽度因子""倾斜角度""反向""颠倒"以及"垂直"等参数。

单击"格式"→"文字样式"命令，打开"文字样式"对话框。利用该对话框可以修改或创建文字样式，并设置文字的当前样式。

1）设置样式名称

"文字样式"对话框的"样式名"选项组中显示了文字样式的名称、创建新的文字样式、为已有的文字样式重命名或删除文字样式，各选项的含义如下。

"样式名"下拉列表：列出了当前可以使用的文字样式，默认文字样式为 Standard。

"新建"按钮：单击该按钮可打开"新建文字样式"对话框。在"样式名"文本框中输入新建文字样式名称后，单击"确定"按钮可以创建新的文字样式。新建文字样式将显示在"样式名"下拉列表中。

"重命名"按钮：单击该按钮可打开"重命名文字样式"对话框。可在"样式名"文本框中输入新的文字样式名称，但无法重命名默认的 Standard 样式。

"删除"按钮：单击该按钮可以删除某一已有的文字样式，但无法删除已经使用的文字样式和默认的 Standard 样式。

2）设置字体

"文字样式"对话框的"字体"选项组用于设置文字样式所使用的字体和字高等属性。其中，"字体名"下拉列表用于选择字体；"字体样式"下拉列表用于选择字体格式，如斜体、粗体和常规字体等；"高度"文本框用于设置文字的高度。选中"使用大字体"复选框，"字体样式"下拉列表变为"大字体"下拉列表，用于选择大字体文件。

如果将文字的高度设为 0，在使用"TEXT"命令标注文字时，命令行将显示"指定高度："提示，要求指定文字的高度。如果在"高度"文本框中输入了文字高度，AutoCAD 2020 将按此高度标注文字，而不再提示指定高度。

AutoCAD 2020 提供了符合标注要求的字体形文件：gbenor.shx、gbeitc.shx 和 gbcbig.shx 文件。其中，gbenor.shx 和 gbeitc.shx 文件分别用于标注直体和斜体字母与数字；gbcbig.shx 文件则用于标注中文。

3）设置文字效果

在"文字样式"对话框中，使用"效果"选项组中的选项可以设置文字的颠倒、反向、垂直等显示效果，如图 5-26 所示。在"宽度因子"文本框中可以设置文字字符的宽度和高度之比，当"宽度因子"为 1 时，将按系统定义的高宽比书写文字；当"宽度因子"小于 1 时，字符会变窄；当"宽度因子"大于 1 时，字符则变宽。在"倾斜角度"文本框中可以设置文字的倾斜角度，当角度为 0° 时不倾斜；角度为正值时向右倾斜；角度为负值时向左倾斜。

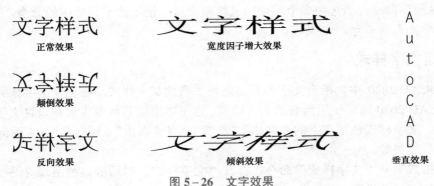

图 5-26　文字效果

4）预览与应用文字样式

在"文字样式"对话框的"预览"选项组中，可以预览所选择或所设置的文字样式效果。其中，在"预览"按钮左侧的文本框中输入要预览的字符，单击"预览"按钮，可以将输入的字符按当前文字样式显示在预览框中。

设置完文字样式后，单击"应用"按钮即可应用文字样式。然后单击"关闭"按钮，关闭"文字样式"对话框。

3. 创建单行文字

在 AutoCAD 2020 中，利用"文字"工具栏可以创建和编辑文字。对于单行文字来说，每一行都是一个文字对象，单击"绘图"→"文字"→"单行文字"命令，或在"文字"工具栏中单击"单行文字"按钮，可以创建单行文字对象。

1）指定文字起点

默认情况下，通过指定单行文字行基线的起点位置创建文字。如果当前文字样式的高度设置为 0，则系统将显示"指定高度："提示信息，要求指定文字高度，否则不显示该提示信息，而使用"文字样式"对话框中设置的文字高度。

然后系统显示"指定文字的旋转角度<0>："提示信息，要求指定文字的旋转角度。文字旋转角度是指文字行排列方向与水平线的夹角，默认角度为 0°。输入文字旋转角度，或按<Enter>键使用默认角度 0°，最后输入文字即可。也可以切换到 Windows 的中文输入方式下，输入中文。

2）设置对正方式

在系统显示"指定文字的起点或［对正（J）/样式（S）］："提示信息后输入"J"，可以设置文字的排列方式。此时命令行显示如下提示信息：

输入对正选项［左（L）/对齐（A）/布满（F）/居中（C）/中间（M）/右（R）/左上（TL）/中上（TC）/右上（TR）/左中（ML）/正中（MC）/右中（MR）/左下（BL）/中下（BC）/右下（BR）］<左上（TL）>：

在 AutoCAD 2020 中，系统为文字提供了多种对正方式，如图 5-27 所示。

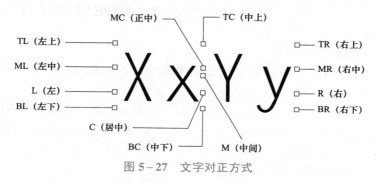

图 5-27 文字对正方式

3）设置当前文字样式

在"指定文字的起点或［对正（J）/样式（S）］："提示信息下输入"S"，可以设置当前使用的文字样式。选择该选项时，命令行显示如下提示信息：

输入样式名或［?］<Mytext>：

可以直接输入文字样式的名称，也可输入"?"，在"AutoCAD 文本窗口"中显示当前图形已有的文字样式。

4）使用文字控制符

在实际设计绘图中，往往需要标注一些特殊的字符。例如，在文字上方或下方添加划线、标注度（°）、±、ϕ 等符号。这些特殊字符不能从键盘上直接输入，因此 AutoCAD 2020 提供了相应的控制符，以实现这些标注要求。

在 AutoCAD 2020 的控制符中，%%O 和%%U 分别是上划线与下划线的开关。第一次出现此符号时，可打开上划线或下划线，第二次出现此符号时，则会关掉上划线或下划线。

在"输入文字："提示信息下，输入控制符时，这些控制符也会临时显示在屏幕上，当结束文本创建命令时，这些控制符将从屏幕上消失，转换成相应的特殊符号。

5）编辑单行文字

单行文字可进行单独编辑。编辑单行文字包括编辑文字的内容、对正方式及缩放比例，可以单击"修改"→"对象"→"文字"命令，用子菜单中的命令进行设置。各命令的功能如下。

"编辑"命令（DDEDIT）：执行该命令，然后在绘图窗口中单击需要编辑的单行文字，进入文字编辑状态，可以重新输入文本内容。

"比例"命令（SCALETEXT）：执行该命令，然后在绘图窗口中单击需要编辑的单行文字，此时需要输入缩放的基点以及指定新高度、匹配对象（M）或缩放比例（S）。

"对正"命令（JUSTIFYTEXT）：执行该命令，然后在绘图窗口中单击需要编辑的单行文字，此时可以重新设置文字的对正方式。

4. 创建多行文字

"多行文字"又称段落文字，是一种更易于管理的文字对象，可以由两行以上的文字组成，而且各行文字都是作为一个整体处理。单击"绘图"→"文字"→"多行文字"命令，或在"绘图"工具栏中单击"多行文字"按钮，然后在绘图窗口中指定一个用来放置多行文字的矩形区域，将打开"文字格式"工具栏和文字输入窗口。利用它们可以设置多行文字的样式、字体及大小等属性。

1）使用"文字格式"工具栏

使用"文字格式"工具栏，可以设置文字样式、文字字体、文字高度、加粗、倾斜或加下划线效果。

单击"堆叠/非堆叠"按钮，可以创建堆叠文字（堆叠文字是一种垂直对齐的文字或分数）。在使用时，需要分别输入分子和分母，其间使用 /、# 或 ^ 分隔，然后选择这一部分文字，单击"堆叠/非堆叠"按钮即可。

2）设置缩进、制表位和多行文字宽度

在文字输入窗口的标尺上右击，从弹出的标尺快捷菜单中选择"缩进和制表位"选项，打开"缩进和制表位"对话框，可以从中设置缩进和制表位位置。其中，在"缩进"选项组的"第一行"文本框和"段落"文本框中设置首行和段落的缩进位置；在"制表位"列表框中可设置制表符的位置，单击"设置"按钮可设置新制表位，单击"清除"按钮可清除列表框中的所有设置。

在标尺快捷菜单中选择"设置多行文字宽度"选项，可打开"设置多行文字宽度"对话框，在"宽度"文本框中可以设置多行文字的宽度。

3）使用选项菜单

在"文字格式"工具栏中单击"选项"按钮，打开多行文字的选项菜单，可以对多行文本进行更多的设置。在文字输入窗口中右击，将弹出一个快捷菜单，该快捷菜单与选项菜单中的主要命令一一对应。

4）输入文字

在多行文字的文字输入窗口中，可以直接输入多行文字，也可以在文字输入窗口中右击，从弹出的快捷菜单中选择"输入文字"选项，将已经在其他文字编辑器中创建的文字内容直接导入到当前图形中。

5）编辑多行文字

要编辑创建的多行文字，可单击"修改"→"对象"→"文字"→"编辑"命令，并单击创建的多行文字，打开多行文字编辑窗口，然后参照多行文字的设置方法，修改并编辑文字。

也可以在绘图窗口中双击输入的多行文字，或在输入的多行文字上右击，从弹出的快捷菜单中选择"重复编辑多行文字"或"编辑多行文字"选项，打开多行文字编辑窗口。

● 小提示

在 AutoCAD 2020 中，可以在 Microsoft Excel 中直接复制表格，并将其作为 AutoCAD 2020 表格对象粘贴到图形中；也可以从外部直接导入表格对象。此外，还可以输出来自 AutoCAD 2020 的表格数据，以供在 Microsoft Excel 或其他应用程序中使用。

拓展训练

绘制下图所示标题栏、明细栏（文字不用填写）。要求：线型符合国标。

15	55	15	45	
15	挡圈 B32	1	35	
14	螺栓 M6×20	1	Q235A	
13	键 6×20	2	45	
12	毡圈	2	半粗羊毛	
11	端盖	2	HT200	
10	调整环	1	35	
9	轴承 30307	2		
8	座体	1	HT150	
7	轴	1	45	
6	螺钉 M8×20	12	Q235A	
5	键 8×40	1	45	
4	带轮 A型	1	HT150	
3	销 A3×12	1	35	
2	螺钉 M6×20	1		
1	挡圈 A35	1	35	
序号	名　称	数量	材　料	备　注

铣 刀 头

班级		比例	
学号		图号	
制图			
审核		（校名）	

180

任务 3　建立机械样板文件并调用

任务描述

建立 A3 样板图，并调用该样板图绘制千斤顶装配图。

任务目标

（1）了解样板图的相关知识。
（2）掌握绘制、创建、调用样板图的方法。
（3）能调用样板图绘制零件图及装配图。

任务分组

班级		组号		指导老师	
组长		学号			
组员					

任务准备

引导问题 1：什么是样板图？样板图需要设置哪些要素？

_____

_____

_____

引导问题 2：创建样板图的准则是什么？

_____

_____

_____

引导问题 3：样板图在绘制机械图样中有哪些作用？

_____

_____

_____

任务实施

1. 启动 AutoCAD 2020

单击"开始"→"程序"→"Autodesk"→"AutoCAD 2020 – Simplified Chinese"→"AutoCAD 2020"命令，启动软件。

2. 设置 AutoCAD 制图绘图环境

设置 A3 样板图

（1）设置绘图单位和精度。

（2）设置图形界限。图纸的基本幅面以及边框尺寸如图 5–28 所示。

幅面代号	幅面尺寸$B×L$	边框尺寸		
		a	c	e
A0	841×1 189	25	10	20
A1	594×841			
A2	420×594			
A3	297×420		5	10
A4	210×297			

图 5–28　图纸幅面尺寸

（3）设置图层，如图 5–29 所示。

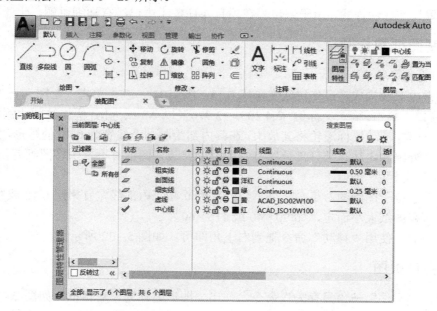

图 5–29　设置图层

（4）设置文字样式。如图 5-30 所示，单击"格式"→"文字样式"命令，在"文字样式"对话框中设置"高度"和"字体样式"，"字体样式"也可在输入多行文字时再设置。

图 5-30　设置文字样式

（5）设置尺寸标注样式。由于该步骤在项目 4 任务 1 中已经有详细讲解，此处不再赘述。

3. 绘制图框和标题栏

1）绘制图框

图框通常由双线构成，最外层线宽可用 0.18（图层中设定）。单击"绘图"→"矩形"命令，在绘图窗口中单击，输入坐标值"@4 200，-2 970"（以 A3 纸为例，假如绘图比例为 1:100），然后按<Enter>键。转动鼠标滚轮将其放大，在其内部绘制一个线宽为 0.40 的矩形，如图 5-31 所示。注意：外线和内线在装订部分留有空间，以便装订图纸时不至于将图纸遮挡。

2）绘制标题栏

标题栏一般位于图纸的右下角，外框线线宽为 0.40，内部线宽宜采用 0.18 或默认线宽。标题栏大小可视图纸大小而定，如 90×40 或 115×60。

绘制完成后，使用"移动"命令拖到右下角即可。如图 5-32 所示。

4. 保存样板图

（1）单击"文件"→"另存为"命令，弹出"图形另存为"对话框，如图 5-33 所示，在"文件类型"下拉列表中选择"AutoCAD 图形样板（*.dwt）"选项，在"文件名"文本框中输入文件名称，如"A3 样板图 1:100"。

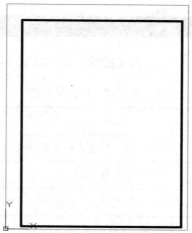

调用 A3 样板图

图 5-31 绘制图框

千 斤 顶		比例	1:1	DJQ-1T	
		数量	1		
制图		质量	2千克	材料	
审核					

图 5-32 绘制标题栏

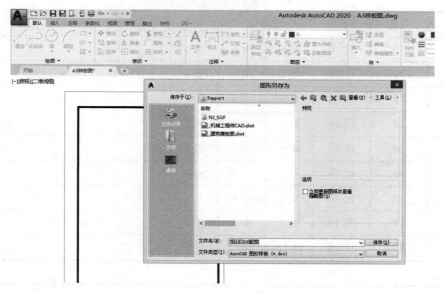

图 5-33 保存样板图

（2）单击"保存"按钮，弹出"样板说明"对话框，在"说明"中输入对图形的描述和说明（可选），单击"确定"按钮，建立一个标准的 A3 幅面的样板文件。

调用 A3 样板图，并将之前绘制好的千斤顶装配图导入，完善标题栏、明细栏和技术要求，最终完成标准的装配图样，如图 5-1 所示。

任务评价

各组代表展示作品，介绍任务的完成过程，并完成表 5-7～表 5-9 所示的评价表。

表 5-7　学生自评表

班级：	姓名：	学号：		
任务：建立机械样板文件并调用				
评价项目	评价标准		分值	得分
学习态度	学习态度端正，热爱学习、提前预习		20	
学习习惯	勤奋好学、工作习惯良好		20	
上课纪律	课堂积极，无迟到、早退、旷课现象		20	
实践练习	思路清晰，绘图操作步骤正确、绘制的图形正确		20	
职业素养	安全生产、保护环境、爱护设施		20	
合计				

表 5-8　小组互评表

任务：建立机械样板文件并调用					
评价项目	分值	等级			评价对象__组
计划合理	10	优 10	良 8	中 6	差 4
方案准确	10	优 10	良 8	中 6	差 4
团队合作	10	优 10	良 8	中 6	差 4
组织有序	10	优 10	良 8	中 6	差 4
工作质量	10	优 10	良 8	中 6	差 4
工作效率	10	优 10	良 8	中 6	差 4
工作完整	10	优 10	良 8	中 6	差 4
工作规范	10	优 10	良 8	中 6	差 4
成果展示	20	优 20	良 16	中 12	差 8
合计					

表 5-9　教师评价表

班级：		姓名：		学号：	
任务：建立机械样板文件并调用					
评价项目	评价标准			分值	得分
考勤	无迟到、旷课、早退现象			10	
完成时间	60 分钟满分，每多 10 分钟减 1 分			10	
理论填写	正确率 100%为 20 分			20	
绘图规范	操作规范、绘制图形美观正确			10	
技能训练	绘制正确满分为 20 分			20	
协调能力	与小组成员之间合作交流			10	
职业素养	安全工作、保护环境、爱护设施			10	
成果展示	能准确汇报工作成果			10	
合计					
综合评价	自评（20%）	小组互评（30%）	教师评价（50%）	综合得分	

任务总结

（1）通过完成上述任务，你学到了哪些知识和技能？

_____

_____

（2）在绘图过程中，有哪些需要注意的事项？

_____

_____

知识学习

1. 样板图的应用

1）样板图的概念

样板图作为一张标准图纸，除了需要绘制图形外，还要求设置图纸大小、绘制图框线和标题栏；而对于图形本身，需要设置图层以绘制图形的不同部分，设置不同的线型和线宽表达不同的含义，设置不同的图线颜色以区分图形的不同部分等。所有的这些都是绘制一幅完整图形不可或缺的工作。为方便绘图，提高绘图效率，通常将绘制图形所需的基本图和通用设置绘制成一张基础图形，进行初步或标准的设置，这种基础图形称为样板图。

2）样板图在绘制图形中所起的作用

为避免重复操作，提高绘图效率，可以在设置图层、文字样式、尺寸标注样式、图框、标题栏等内容后将其保存为样板图，使用时直接调用即可。

AutoCAD 2020 提供了许多样板文件，但这些样板文件和我国的国家标准不完全相符，所以不同的行业在绘图前都应该建立符合各自行业国家标准的样板图，保证图纸的规范性。

3）创建样板图的准则

使用 AutoCAD 2020 绘制样板图时，必须遵守如下准则：

（1）严格遵守国家标准的有关规定。

（2）使用标准线型。

（3）将捕捉和栅格设置为在操作区操作的尺寸。

（4）按标准的图纸尺寸打印图样。

2. 样板图的创建

1）图形界限和绘图单位的设置

（1）图形界限的设置。

图形界限（limits）设置为选用的图纸尺寸，输入两个角点的坐标，如 A1 图纸输入（0，0）和（841，594）。图形界限设置完成后，需要依次单击菜单栏中的"视图"→"缩放"→"全部"命令后，才能观察到整个图形。

（2）绘图单位的设置。

一般来说，绘图单位应该在使用 AutoCAD 2020 绘图前设置。单击"格式"菜单下的"单位"命令，将"长度精度"改为 0 即可。

但是对于初学者建议将精度改为小数点后 2～4 位，用 AutoCAD 2020 绘制建筑施工图时，准确是第一位的。例如，绘制一条长 900 的线段，常常有初学者将其画成了 899.92 之类长度的线段。绘图单位精度如果是 0，那么这么小的误差是无法发现的。

2）图层的设置

图层相当于没有厚度的透明纸，可以在每一层上绘制工程图形的同类信息，把这些透明纸重叠起来就是一张工程图。图层是整个 AutoCAD 2020 软件最为关键的设置。AutoCAD 2020 默认设置下只定义了一个图层：0 层。若要使用多个图层，则需要另外新建图层。

创建图层一般包括层名、颜色、线型和线宽。图层的多少需要根据所绘制图形的复杂程度来确定，通常对于一些比较简单的图形，只需要分别为辅助线、轮廓线、标注等对象建立图层即可。一般情况下设置 5 层图层。

3）对象捕捉的设置

在绘图的过程中，经常要指定一些对象上已有的点，如端点、圆心和两个对象的交点等。如果只凭观察来拾取，则不可能非常准确地找到这些点。在 AutoCAD 2020 中，可以通过"工具"菜单下的"草图设置"来设置对象捕捉，迅速、准确地捕捉到某些特殊点，从而精确地绘制图形。常用的对象捕捉模式有端点、中点、圆心、节点、象限点、交点、延伸和垂足。

4）文字样式的设置

AutoCAD 2020 可以使用的字库有两种：一种是 AutoCAD 2020 专有字库，这个字库下的字体扩展名是.shx；另一种是 Windows 通用字库，字体扩展名为.ttf，除了 AutoCAD 2020，Office 等软件也采用这个字库。一般情况下推荐使用 AutoCAD 2020 专有字库，因为这种字库占用系统资源小。如果需要输入的文字样式比较特别，无法使用 SHX 字体完成时可考虑使用 TTF 字体。在《房屋建筑制图统一标准》中规定文字的字高应从如下系列中选用：3.5 mm，5 mm，7 mm，10 mm，14 mm，20 mm。为了使 AutoCAD 2020 绘制的建筑施工图符合国家标准，应按以下方法进行设置。

单击"格式"菜单中的"文字样式"命令，新建一个样式名为"汉字"的文字样式，SHX 字体选择"gbeitc.shx"，大字体选择"gbcbig.shx"，高度设置为 0，用"文字"命令输入文字时需输入字高，"宽度因子"改为 0.7。

5）标注样式的设置

尺寸分为总尺寸、定位尺寸、细部尺寸 3 种。绘图时，应根据设计深度和图纸用途确定所需注写的尺寸。AutoCAD 2020 定义一个完整的尺寸由尺寸线、尺寸界限、尺寸箭头和尺寸文本 4 要素组成。AutoCAD 2020 默认的尺寸样式不适合标注建筑图形。应根据《房屋建筑制图统一标准》和《建筑制图标准》相关规定设置尺寸样式。执行"格式"菜单下的"标注样式"命令，单击"新建"按钮，以 ISO−25 为基础样式进行创建。一般需要更改的内容有：① "基线间距"为 7～10；② "超出尺寸线"为 2，"起点偏移量"为 2；③ 线性尺寸箭头形式为"建筑标记"，圆弧、角度的尺寸箭头形式为"实心闭合"；④ 尺寸文本的高度为 3.5，为尺寸文本建立的文字样式可使用 jz 样式；⑤ "使用全局比例"按出图比例调整，如按 1:100 出图，就应该将"使用全局比例"设为 100；⑥ "主单位"线型标注的精度为 0。

6）保存样板图

在设置好了图形界限、绘图单位、图层、文字样式和标注样式后，再使用"另存为"命令存盘，文件保存类型为.dwt，即保存为样板图。以后利用 AutoCAD 2020 绘制机械图样时就可以直接打开样板图绘图而不必再设置单位、图层等。

● 小提示

样板图相关参数虽然是自己设置的，但是还是要严格遵守国家标准的有关规定。

拓展训练

1. 创建一个 A4 样板图，具体要求如下：

设置绘图界限为 A4、长度单位精度为小数点后面保留 3 位数字，角度单位精度为小数点后面保留 1 位数字。

2. 按照下面要求设置图层。

（1）层名：中心线；颜色：红；线型：Center；线宽：0.25。

（2）层名：虚线；颜色：黄；线型：Hidden；线宽：0.25。

（3）层名：细实线；颜色：蓝；线型：Continuous；线宽：0.25。

（4）层名：粗实线；颜色：白；线型：Continuous；线宽：0.50。

3. 设置文字样式（使用大字体 gbcbig.shx）。

（1）样式名：数字；字体名：gbeitc.shx；文字宽度因子：1；文字倾斜角度：0。

（2）样式名：汉字；字体名：gbenor.shx；文字宽度因子：1；文字倾斜角度：0。

4. 根据图形设置尺寸标注样式。

（1）机械样式，建立标注的基础样式，其设置如下：

将"基线间距"内的数值改为 7，"超出尺寸线"内的数值改为 2.5，"起点偏移量"内的数值改为 0，"箭头大小"内的数值改为 3，弧长符号选择"标注文字的上方"，将"文字样式"设置为已经建立的"数字"样式，"文字高度"内的数值改为 3.5，其他选用默认选项。

（2）角度，其设置如下：

建立机械样式的子尺寸，在标注角度的时候，尺寸数字是水平的。

（3）非圆直径，其设置如下：

在机械样式的基础上，建立将在标注任何尺寸时，尺寸数字前都加注符号 ϕ 的父尺寸。

（4）标注一半尺寸，其设置如下：

在机械样式的基础上，建立将在标注任何尺寸时，只是显示一半尺寸线和尺寸界线的父尺寸，一般用于半剖图形中。

5. 将标题栏（括号内文字为属性）制作成带属性的内部图块，其样式如下图所示，其中"零件名称""中华人民共和国"字高为 7，其余字高为 3.5，不标注尺寸。

6. 将粗糙度（Ra 数值为属性）符号制作成带属性的内部图块，Ra 字高为 5。将标题栏制作成带属性的内部图块。样式要求如下图所示。

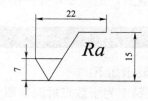

项目6 创建轴承盖三维实体

项目描述

在 AutoCAD 中，系统提供了比较丰富的三维图形绘制命令。虽然创建三维模型比创建二维视图稍显复杂，但是利用三维模型，用户可以从任何位置查看模型的结构；可以通过三维模型自动生成辅助二维视图等，从而帮助用户获得更真实的效果，及时发现问题并修正优化，提高设计质量和效率。

本项目将从创建轴承盖的三维实体例子中，帮助我们学习三维动态观察及 UCS 的创建方法，掌握创建基本几何体、创建并编辑三维实体的基本方法和步骤，并通过轴承盖三视图的生成方法的学习，掌握三维建模与二维视图相互转换的正确方法。

任务1 三维动态观察及 UCS 的创建

任务描述

传统的机械工程设计图纸只能表现二维图形，而三维建模则可以在计算机中模拟真实的物体，具有传统机械工程图纸无法比拟的优势。AutoCAD 2020 中有 3 种三维模型：三维线框模型、三维曲面模型和三维实体模型。其中三维实体模型使用最便捷，应用最广泛。掌握三维动态观察方法后，用户可以 360°全方位无死角地观察三维实体模型，如图 6-1 所示。

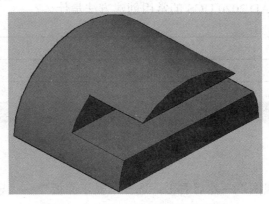

图 6-1 三维动态观察基本组合体

AutoCAD 2020 中的坐标系按照定制对象的不同，可以分为世界坐标系（WCS）和用户坐标系（UCS）。UCS 是一种可自定义的坐标系，可以根据用户的需求自定义和修改坐标系的原点和轴方向。其中以三点定坐标的方式创建 UCS 最为便捷实用。

任务目标

（1）熟悉三维动态观察的方法。
（2）掌握三维动态观察的常用方法。
（3）掌握 UCS 的创建方法。

任务分组

班级		组号		指导老师	
组长		学号			
组员					

任务准备

引导问题 1： AutoCAD 2020 三维动态观察的常用方法有哪几种？

_____

_____

引导问题 2： AutoCAD 2020 中三维动态观察命令如何调用？

_____

_____

引导问题 3： AutoCAD 2020 UCS 的常用创建方法是什么？

_____

_____

_____

任务实施

1. 三维动态观察

选择菜单栏中的"视图"→然后右击，选择"显示面板"→"导航"→"动态观察"→

根据用户需要分别选择"受约束的动态观察""自由动态观察""连续动态观察"来调用三种不同的三维动态观察模式。调用动态观察功能及其三种不同的模式如图 6-2 所示。用 3DORBIT 命令调用受约束的动态观察如图 6-3 所示。用 3DFORBIT 命令调用自由动态观察如图 6-4 所示，此时单击视图，可在导航球内部任意转动视图，以此达到自由动态观察的目的，如图 6-5 所示。3DCORBIT 命令调用连续动态观察如图 6-6 所示。拖动鼠标调整连续动态观察视图的方向和旋转速度，如图 6-7 所示。

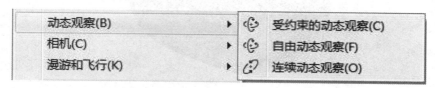

图 6-2 调用动态观察

图 6-3 3DORBIT 受约束的动态观察

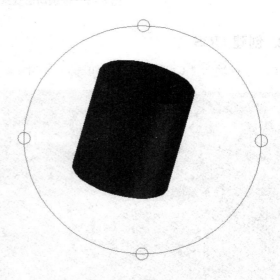

图 6-4 3DFORBIT 自由动态观察

图 6-5 导航球内部任意转动视图

图 6-6 3DCORBIT 连续动态观察

211

图 6-7　连续动态观察的不同角度

2. 创建 UCS

在命令行输入"UCS"命令，如图 6-8 所示。

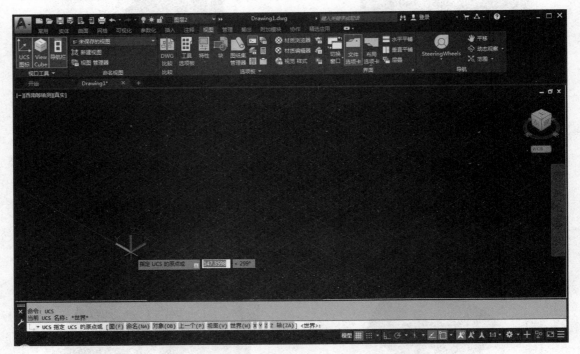

图 6-8　创建 UCS 确定原点及 *X* 轴和 *Y* 轴正方向

在命令行输入"DDUCS"，弹出"UCS"对话框，如图 6-9 所示。

1）"命名 UCS"选项卡

在列表中选取一个 UCS，然后单击"置为当前"按钮，则将该 UCS 的坐标设置为当前坐标系。

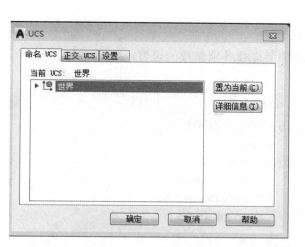

图 6-9　"UCS"对话框

在列表中选取一个 UCS，然后单击"详细信息"按钮，则可以打开"UCS 详细信息"对话框，如图 6-10 所示。此对话框中列出了该 UCS 的原点坐标，以及 X 轴、Y 轴和 Z 轴的方向。

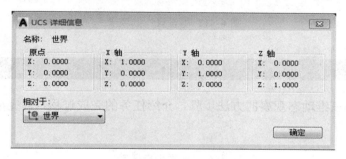

图 6-10　"UCS 详细信息"对话框

2）"正交 UCS"选项卡

如图 6-11 所示，在"名称"列表中可以分别选择"俯视""仰视""前视""后视""左视"和"右视"6 种正投影类型。

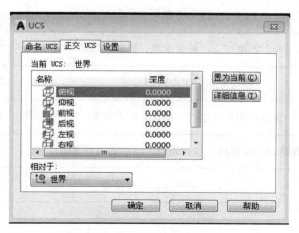

图 6-11　"正交 UCS"选项卡

3）"设置"选项卡

可通过"设置"选项卡进行各项参数的设置，如图 6-12 所示。

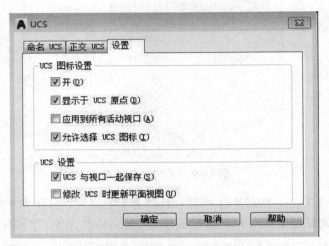

图 6-12 "设置"选项卡

任务评价

各组代表讲解三维动态观察的方法步骤，介绍任务的完成过程，并完成表 6-1～表 6-3 所示的评价表。

表 6-1 学生自评表

班级：	姓名：		学号：	
任务：三维动态观察及 UCS 的创建				
评价项目	评价标准		分值	得分
学习态度	学习态度端正，热爱学习、提前预习		20	
学习习惯	勤奋好学、工作习惯良好		20	
上课纪律	课堂积极，无迟到、早退、旷课现象		20	
实践练习	思路清晰，绘图操作步骤正确、绘制的图形正确		20	
职业素养	安全生产、保护环境、爱护设施		20	
合计				

表 6-2　小组互评表

任务：三维动态观察及 UCS 的创建					
评价项目	分值	等级			评价对象＿组
计划合理	10	优 10	良 8	中 6	差 4
方案准确	10	优 10	良 8	中 6	差 4
团队合作	10	优 10	良 8	中 6	差 4
组织有序	10	优 10	良 8	中 6	差 4
工作质量	10	优 10	良 8	中 6	差 4
工作效率	10	优 10	良 8	中 6	差 4
工作完整	10	优 10	良 8	中 6	差 4
工作规范	10	优 10	良 8	中 6	差 4
成果展示	20	优 20	良 16	中 12	差 8
合计					

表 6-3　教师评价表

班级：		姓名：		学号：	
任务：三维动态观察及 UCS 的创建					
评价项目	评价标准			分值	得分
考勤	无迟到、旷课、早退现象			10	
完成时间	60 分钟满分，每多 10 分钟减 1 分			10	
理论填写	正确率 100%为 20 分			20	
绘图规范	操作规范、绘制图形美观正确			10	
技能训练	绘制正确满分为 20 分			20	
协调能力	与小组成员之间合作交流			10	
职业素养	安全工作、保护环境、爱护设施			10	
成果展示	能准确汇报工作成果			10	
合计					
综合评价	自评（20%）	小组互评（30%）	教师评价（50%）	综合得分	

任务总结

（1）通过完成上述任务，你学到了哪些知识和技能？

_____

_____

_____

（2）在完成任务的过程中，有哪些需要注意的事项？

_____

_____

_____

知识学习

1. 三维动态观察

在三维建模中，通过使用三维动态观察器，用户可以从不同高度、不同角度和不同距离实时观察图形中的对象。从而使用户可以实时地控制和调整当前视口中创建的三维视图。三维动态观察可分为受约束的动态观察、自由动态观察和连续动态观察 3 种。如图 6-13 所示为导航三维动态观察。

图 6-13　导航三维动态观察

1）受约束的动态观察

该动态观察是指沿 XY 平面或者 Z 轴受约束的三维动态观察。

执行"受约束的动态观察"命令的方法有以下 3 种。

（1）单击"视图"→"动态观察"→"受约束的动态观察"命令。

（2）单击"动态观察"工具栏中的"受约束的动态观察"图标按钮。

（3）在命令行输入"3DORBIT"或"3DO"。

当执行"受约束的动态观察"命令后，绘图区中出现图标，这时用户可以拖动鼠标，就可以动态地观察对象，如图 6-14 所示。

当观察完毕后，按<Esc>或<Enter>键退出。

图 6-14　受约束的动态观察

2）自由动态观察

该动态观察是指不参照平面，在任意方向上进行的三维动态观察。当用户沿 XY 平面或者 Z 轴进行动态观察时，视点是不受约束的。

执行"自由动态观察"命令的方法有以下 3 种。

（1）单击"视图"→"动态观察"→"自由动态观察"命令。

（2）单击"动态观察"工具栏中的"自由动态观察"图标按钮。

（3）在命令行输入"3DFORBIT"。

当执行"自由动态观察"命令之后，绘图区中显示一个导航球，该导航球被小圆分成 4 个区域，用户拖动这个导航球就可以旋转视图，如图 6-15 所示。

当观察完毕后，按<Esc>或<Enter>键退出。

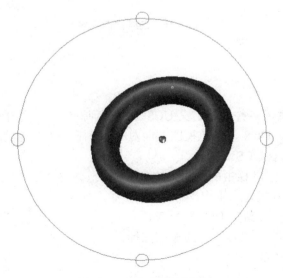

图 6-15　自由动态观察

3）连续动态观察

该动态观察可以让系统自动进行连续动态观察。

执行"连续动态观察"命令的方法有以下 3 种。

（1）单击"视图"→"动态观察"→"连续动态观察"命令。

（2）单击"动态观察"工具栏中的"连续动态观察"图标按钮。

（3）在命令行输入"3DCORBIT"。

当执行"连续动态观察"命令后，绘图区中出现图标，用户在连续动态观察移动的方向上按住鼠标按钮并拖动，使对象沿正在拖动的方向开始自由移动，然后释放鼠标按钮，对象将在指定方向上继续进行它们的轨迹运动。其旋转的速度由光标移动释放的速度决定，如图 6-16 所示。

当观察完毕后，按<Esc>或<Enter>键退出。

图 6-16　连续动态观察

2. 三维坐标系

1）建立 UCS

AutoCAD 2020 提供了多种方法定义 UCS：指定新原点、新 XY 平面或新 Z 轴，使新 UCS 与现有的对象对齐，使新 UCS 与当前视图方向对齐，绕任一轴旋转当前的 UCS，从 AutoCAD 2020 预置的坐标系中选取 UCS。

用户可以使用 UCS 工具栏中的按钮来定位 UCS。

用户可以通过下列方式建立用户坐标系。

（1）单击"工具"→"新建 UCS"命令。

（2）单击"UCS 工具"工具栏中的相应图标。

（3）在命令行输入"UCS"。

2）UCS 管理器

UCS 管理器命令可以显示一个带有多个选项卡的对话框，这个对话框提供了一个方便的图形方法来恢复已经保存的 UCS，并且可以建立一个与之正交的 UCS，以及为视口指定 UCS 图标及 UCS 设置。

3）控制坐标系图标显示方式

AutoCAD 2020 可以对坐标系图标的显示方式进行控制。控制坐标系图标可以通过"UCS"对话框中的"设置"选项卡来实现（单击"工具"→"正交 UCS"→"预置"命令），也可以通过下列方式实现。

（1）单击"视图"→"显示"命令。

（2）在命令行输入"UCSICON"。

4）选择三视图

AutoCAD 2020 为用户预置了 6 种正视图（俯视图、仰视图、前视图、后视图、左视图、右视图）和 4 种等轴测视图，用户可以直接调用这些标准视图，无须自行定义。通常情况下，使用频率最高的是西南等轴测视图。

用户可以通过下列方式预置三维视图。

（1）单击"视图"→"三维视图"命令。

（2）在命令行输入"VIEW"。

（3）单击"视图"视图工具栏中的相应按钮。

● 小提示

（1）工作空间需要从 AutoCAD 经典模式切换到三维建模模式。

（2）在三维动态观察之前可以事先将"动态观察"工具栏调出，方便用户使用。

（3）创建 UCS 可事先将 UCS 调用到常用工具栏中，方便用户使用。

（4）对于初学者来说，在工具栏中单击命令按钮是最简单、直接、有效的命令输入方式。在命令行中输入快捷命令，可以大大提高绘图速度，但这需要熟练掌握各种常用的快捷命令，是操作者的终极目标。

拓展训练

1. 分别用 3 种不同的三维动态观察方法，对图 6−1 进行观察。

2. 思考 WCS 和 UCS 的区别。

任务 2　创建基本几何体

绘制基本体

任务描述

在 AutoCAD 2020 软件中，提供了多种基本的实体模型，用户可以根据参数，直接建立实体模型，如长方体、圆柱体、圆锥体、楔体、多段体、圆环体、球体等多种模型，简单便捷，如图 6-17 所示。

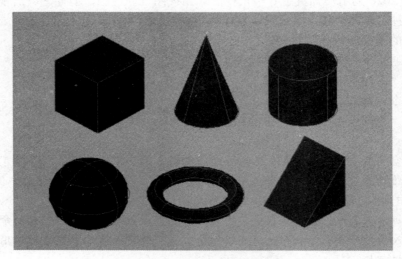

图 6-17　常见的基本几何体

任务目标

（1）掌握长方体的绘制方法。
（2）掌握圆柱体的绘制方法。
（3）掌握圆锥体的绘制方法。
（4）掌握楔体的绘制方法。
（5）掌握多段体的绘制方法。
（6）掌握圆环体的绘制方法。

任务分组

班级		组号		指导老师	
组长		学号			
组员					

任务准备

引导问题 1：日常生活中常见的基本几何体有哪些？

_____

_____

引导问题 2：AutoCAD 2020 中给用户提供了哪几种三维实体模型？

_____

_____

引导问题 3：如何利用 AutoCAD 2020 软件，按照给定的参数，正确绘制基本几何体？

_____

_____

_____

任务实施

1. 绘制长方体

绘制长方体有以下 3 种方法。

（1）选择菜单栏中的"绘图"选项→单击"建模"→根据用户需要单击"长方体"图标→按照给定参数绘制长方体。

（2）在工具栏空白处右击，调用"建模"工具栏→单击"长方体"图标→按照给定参数绘制长方体。

（3）在命令行中直接输入"BOX"→按<空格>或<Enter>键→按照给定参数绘制长方体。

● 练习

用"BOX"命令绘制一个 50×60×80 的长方体。

在命令行输入"BOX"，然后按<空格>键或<Enter>键，之后单击绘图区域，任意指定一个角点，在命令行中输入练习中已知参数长与宽，如图 6-18 所示，然后将鼠标向 Z 轴方向移动，输入另一个参数——高度值 80，如图 6-19 所示，此时按<空格>键或<Enter>键即可完成操作。

执行命令后，命令行提示如下。

命令: BOX

指定第一个角点或 [中心(C)]:

指定其他角点或 [立方体(C)/长度(L)]: @50,60

指定高度或 [两点(2P)]: 80

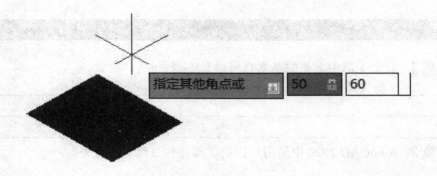

图 6-18 绘制长方体底面——确定长与宽

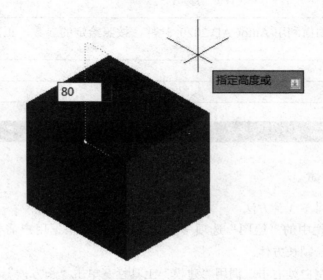

图 6-19 绘制长方体——确定高度值

2. 绘制圆柱体

绘制圆柱体有以下 3 种方法。

（1）选择菜单栏中的"绘图"选项→单击"建模"→根据用户需要单击"圆柱体"图标→按照给定参数绘制圆柱体。

（2）在工具栏空白处右击，调用"建模"工具栏→单击"圆柱体"图标→按照给定参数绘制圆柱体。

（3）在命令行中直接输入"CYLINDER"→按<空格>或<Enter>键→按照给定参数绘制圆柱体。

● 练习

绘制一个底面半径为 30、高为 80 的圆柱体。

执行命令后，命令行提示如下。

命令: CYLINDER

指定底面的中心点或 [三点(3P)/两点(2P)/切点、切点、半径(T)/椭圆(E)]:
指定底面半径或 [直径(D)] <56.3370>: 30　　//如图 6-20（a）所示
指定高度或 [两点(2P)/轴端点(A)] <80.0000>: 80　　//如图 6-20（b）所示

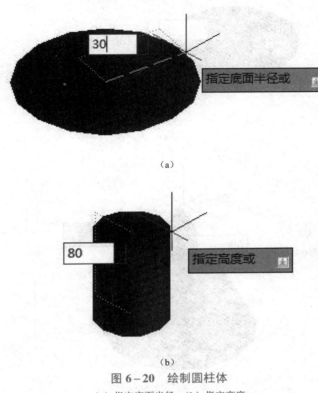

（a）

（b）

图 6-20　绘制圆柱体
（a）指定底面半径；（b）指定高度

3. 绘制圆锥体

绘制圆锥体有以下 3 种方法。

（1）选择菜单栏中的"绘图"选项→单击"建模"→根据用户需要单击"圆锥体"图标→按照给定参数绘制圆锥体。

（2）在工具栏空白处右击，调用"建模"工具栏→单击"圆锥体"图标→按照给定参数绘制圆锥体。

（3）在命令行中直接输入"CONE"→按<空格>或<Enter>键→按照给定参数绘制圆锥体。

● 练习

绘制一个底面半径为 20、高为 60 的圆锥体，如图 6-21 所示。

执行命令后，命令行提示如下。

命令: CONE

指定底面的中心点或 [三点(3P)/两点(2P)/切点、切点、半径(T)/椭圆(E)]:

223

指定底面半径或 [直径(D)] <30.0000>: 20

指定高度或 [两点(2P)/轴端点(A)/顶面半径(T)] <80.0000>: 60

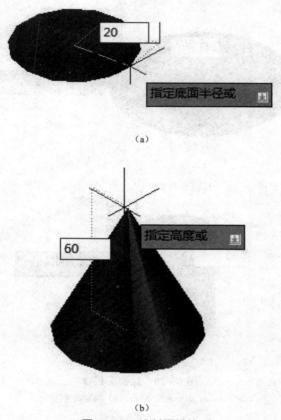

（a）

（b）

图 6-21　绘制圆锥体

（a）指定底面半径；（b）指定高度

4. 绘制楔体

绘制楔体有以下 3 种方法。

（1）选择菜单栏中的"绘图"选项→单击"建模"→根据用户需要单击"楔体"图标→按照给定参数绘制楔体。

（2）在工具栏空白处右击，调用"建模"工具栏→单击"楔体"图标→按照给定参数绘制楔体。

（3）在命令行中直接输入"WEDGE"→按<空格>或<Enter>键→按照给定参数绘制楔体。

● 练习

绘制一个 50×30×40 的楔体，如图 6-22 所示。

执行命令后，命令行提示如下。

命令: WEDGE

指定第一个角点或 [中心(C)]:

指定其他角点或 [立方体(C)/长度(L)]: @50,30

指定高度或 [两点(2P)] <60.0000>: 40

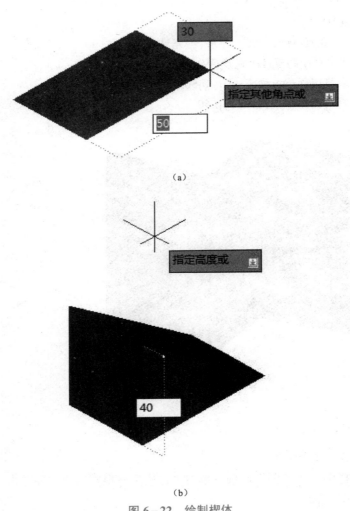

（a）

（b）

图 6-22　绘制楔体

（a）指定角点；（b）指定高度

5. 绘制多段体

绘制多段体有以下 3 种方法。

（1）选择菜单栏中的"绘图"选项→单击"建模"→根据用户需要单击"多段体"图标→按照给定参数绘制多段体。

（2）在工具栏空白处右击，调用"建模"工具栏→单击"多段体"图标→按照给定参数绘制多段体。

（3）在命令行中直接输入"POLYSOLID"→按<空格>或<Enter>键→按照给定参数绘制多段体。

● 练习

绘制一个多段体，如图 6-23 所示。

执行命令后，命令行提示如下。

命令: POLYSOLID

高度 = 80.0000, 宽度 = 5.0000, 对正 = 居中

指定起点或 [对象(O)/高度(H)/宽度(W)/对正(J)] <对象>:

指定下一个点或 [圆弧(A)/放弃(U)]: @50,30

指定下一个点或 [圆弧(A)/放弃(U)]: 40

图 6-23　绘制多段体

6. 绘制圆环体

绘制圆环体有以下 3 种方法。

（1）选择菜单栏中的"绘图"选项→单击"建模"→根据用户需要单击"圆环体"图标→按照给定参数绘制圆环体。

（2）在工具栏空白处右击，调用"建模"工具栏→单击"圆环体"图标→按照给定参数绘制圆环体。

（3）在命令行中直接输入"TORUS"→按<空格>或<Enter>键→按照给定参数绘制圆环体。

● 练习

绘制一个半径为 30 的圆环，圆管半径为 8，如图 6-24 所示。

执行命令后，命令行提示如下。

命令: TORUS

指定中心点或 [三点(3P)/两点(2P)/切点、切点、半径(T)]:

指定半径或 [直径(D)] <30.0000>: 30

指定圆管半径或 [两点(2P)/直径(D)] <8.0000>: 8

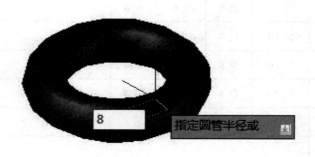

图 6-24　绘制圆环体

任务评价

各组代表展示作品，介绍任务的完成过程，并完成表 6-4～表 6-6 所示的评价表。

表 6-4　学生自评表

班级：		姓名：	学号：	
任务：创建基本几何体				
评价项目	评价标准		分值	得分
学习态度	学习态度端正，热爱学习、提前预习		20	
学习习惯	勤奋好学、工作习惯良好		20	
上课纪律	课堂积极，无迟到、早退、旷课现象		20	
实践练习	思路清晰，绘图操作步骤正确、绘制的图形正确		20	
职业素养	安全生产、保护环境、爱护设施		20	
合计				

表 6-5　小组互评表

任务：创建基本几何体					
评价项目	分值	等级			评价对象__组
计划合理	10	优 10	良 8	中 6	差 4
方案准确	10	优 10	良 8	中 6	差 4
团队合作	10	优 10	良 8	中 6	差 4

评价项目	分值	等级				评价对象__组
组织有序	10	优 10	良 8	中 6	差 4	
工作质量	10	优 10	良 8	中 6	差 4	
工作效率	10	优 10	良 8	中 6	差 4	
工作完整	10	优 10	良 8	中 6	差 4	
工作规范	10	优 10	良 8	中 6	差 4	
成果展示	20	优 20	良 16	中 12	差 8	
合计						

表 6-6 教师评价表

班级：		姓名：		学号：	
任务：创建基本几何体					
评价项目	评价标准			分值	得分
考勤	无迟到、旷课、早退现象			10	
完成时间	60 分钟满分，每多 10 分钟减 1 分			10	
理论填写	正确率 100%为 20 分			20	
绘图规范	操作规范、绘制图形美观正确			10	
技能训练	绘制正确满分为 20 分			20	
协调能力	与小组成员之间合作交流			10	
职业素养	安全工作、保护环境、爱护设施			10	
成果展示	能准确汇报工作成果			10	
合计					
综合评价	自评（20%）	小组互评（30%）	教师评价（50%）	综合得分	

任务总结

（1）通过完成上述任务，你学到了哪些知识和技能？

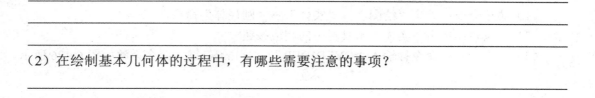

（2）在绘制基本几何体的过程中，有哪些需要注意的事项？

1. 长方体

创建长方体。始终将长方体的底面绘制为与当前 UCS 的 *XY* 平面平行，在 *Z* 轴方向指定长方体的高度。高度可以输入正值或者负值，如图 6-25 所示。

可以通过下列方式创建长方体。

（1）菜单命令：单击"绘图"→"实体"→"长方体"命令。

（2）工具栏：单击"实体"工具栏中的相应按钮。

（3）命令行：在命令行输入"BOX"，按<Enter>键。命令详解如图 6-25 所示。

● 小提示

（1）用"BOX"命令绘制的长方体的长、宽、高分别平行于当前 UCS 的 *X*、*Y*、*Z* 轴。

（2）长方体长、宽、高的值可正可负，正值表示与坐标轴正方向相同，负值则相反。

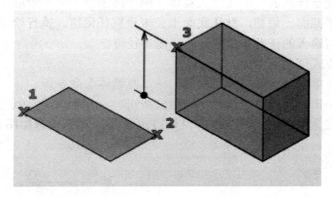

图 6-25　创建长方体

2. 圆柱体

创建圆柱体。在图例中，使用圆心（1）、半径上的一点（2）和表示高度的一点（3）创建了圆柱体，如图 6-26 所示。圆柱体的底面始终位于与工作平面平行的平面上。可以通过 FACETRES 系统变量控制着色或隐藏视觉样式的三维曲线式实体（例如圆柱体）的平滑度。执行绘图任务时，底面半径的默认值始终是先前输入的底面半径值。

可以通过下列方式创建圆柱体。

（1）菜单命令：单击"绘图"→"实体"→"圆柱体"命令。

（2）工具栏：单击"实体"工具栏中的相应按钮。

（3）命令行：在命令行输入"CYLINDER"，按<Enter>键。命令详解如图 6-26 所示。

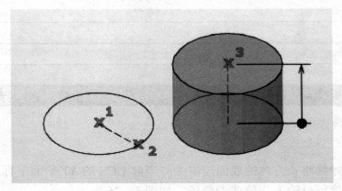

图 6-26 创建圆柱体

● 小提示

圆柱体的高在 Z 轴方向，有正负之分。

3. 圆锥体

创建圆锥体。创建一个三维实体，该实体以圆或椭圆为底面，以对称方式形成锥体表面，最后交于一点，或交于一个圆或椭圆平面，如图 6-27 所示。可以通过 FACETRES 系统变量控制着色或隐藏视觉样式的三维曲线式实体（例如圆锥体）的平滑度。使用"顶面半径"选项来创建圆锥体平截面。最初，默认底面半径未设置任何值。执行绘图任务时，底面半径的默认值始终是先前输入的任意实体图元的底面半径值。

可以通过下列方式创建圆锥体。

（1）菜单命令：单击"绘图"→"实体"→"圆锥体"命令。

（2）工具栏：单击"实体"工具栏中的相应按钮。

（3）命令行：在命令行输入"CONE"，按<Enter>键。命令详解如图 6-27 所示。

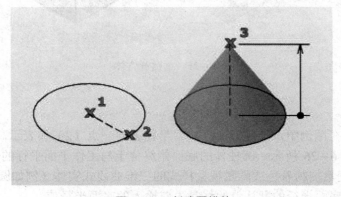

图 6-27 创建圆锥体

● 小提示

　　圆锥体的高在 Z 轴方向，有正负之分。

4. 楔体

　　创建楔体。倾斜方向始终沿 UCS 的 X 轴正方向，如图 6−28 所示。输入正值将沿当前 UCS 的 Z 轴正方向绘制高度。输入负值将沿 Z 轴负方向绘制高度。

　　可以通过下列方式创建楔体。

　　（1）菜单命令：单击"绘图"→"实体"→"楔体"命令。

　　（2）工具栏：单击"实体"工具栏中的相应按钮。

　　（3）命令行：在命令行输入"WEDGE"，按<Enter>键。命令详解如图 6−28 所示。

● 小提示

　　（1）楔体长、宽、高的值可正可负，正值表示与坐标轴正方向相同，负值则相反。

　　（2）楔角是指长和高终点的连线与长的夹角。

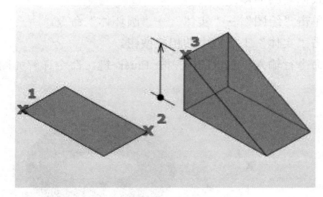

图 6−28　创建楔体

5. 多段体

　　创建多段体。可以使用"POLYSOLID"命令创建三维实体，方法与创建多段线一样，如图 6−29 所示。PSOLWIDTH 系统变量设置三维实体的默认宽度。PSOLHEIGHT 系统变量设置默认高度。你也可以将现有二维对象（例如直线、二维多段线、圆弧和圆）转换为具有默认高度、宽度和对正的三维实体。

　　可以通过下列方式创建多段体。

　　（1）菜单命令：单击"绘图"→"实体"→"多段体"命令。

　　（2）工具栏：单击"实体"工具栏中的相应按钮。

　　（3）命令行：在命令行输入"POLYSOLID"，按<Enter>键。命令详解如图 6−29 所示。

6. 圆环体

　　创建圆环体。可以通过指定圆环体的圆心、半径或直径以及围绕圆环体的圆管的半径或直径创建圆环体，如图 6−30 所示。可以通过 FACETRES 系统变量控制着色或隐藏视觉样式的曲线式三维实体（例如圆环体）的平滑度。

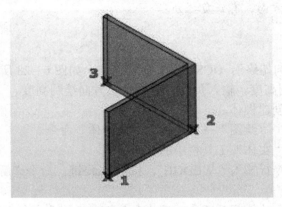

图 6-29　创建多段体

可以通过下列方式创建圆环体。

（1）菜单命令：单击"绘图"→"实体"→"圆环体"命令。

（2）工具栏：单击"实体"工具栏中的相应按钮。

（3）命令行：在命令行输入"TORUS"，按<Enter>键。命令详解如图 6-30 所示。

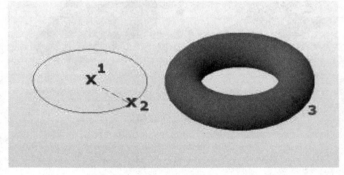

图 6-30　创建圆环体

● 小提示

（1）工作空间需要从 AutoCAD 经典模式切换到三维建模模式。

（2）在创建基本几何体之前，可以事先将"建模"工具栏调出，事半功倍。

（3）对于初学者来说，在工具栏中单击相应命令按钮是最简单、直接、有效的命令输入方式。在命令行中输入快捷命令，可以大大提高绘图速度，但这需要熟练掌握各种常用的快捷命令，是操作者的终极目标。

拓展训练

1. 用之前所学的三维动态观察方法，对在课堂练习创建的基本几何体进行三维动态观察。
2. 思考简单二维图形绘制和创建基本几何体的异同点。

利用拉伸命令
创建实体

任务 3   创建三维实体

任务描述

在 AutoCAD 2020 中除了可以创建基本几何体之外，用户还可以通过"拉伸""旋转""扫掠""放样"等命令操作，创建我们所需要的三维实体。如图 6-31 所示为通过"拉伸"命令创建的三维实体。

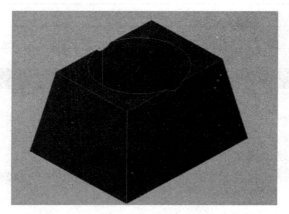

图 6-31   通过"拉伸"命令创建的三维实体

任务目标

（1）掌握通过"拉伸"命令创建三维实体的方法。
（2）掌握通过"旋转"命令创建三维实体的方法。
（3）掌握通过"扫掠"命令创建三维实体的方法。
（4）掌握通过"放样"命令创建三维实体的方法。

任务分组

班级		组号		指导老师	
组长		学号			
组员					

任务准备

引导问题 1：AutoCAD 2020 创建三维实体可以使用哪些常见命令？

233

_____

_____

引导问题 2：AutoCAD 2020 创建三维实体与创建基本几何体有什么异同？

_____

_____

_____

引导问题 3：如何正确使用 AutoCAD 2020 帮助用户创建三维实体？

_____

_____

_____

任务实施

1. 拉伸

用"拉伸"命令创建三维实体的方法有以下 3 种。

（1）绘制封闭图形→选择菜单栏中的"绘图"选项→单击"建模"→"拉伸"→拉伸对象→输入给定参数值。

（2）绘制封闭图形→在工具栏空白处右击，调用"建模"工具栏→单击"拉伸"图标。

（3）绘制封闭图形→在命令行中输入"EXTRUDE"→按<空格>或<Enter>键→选择对象输入参数值进行拉伸。

● 练习

用拉伸实体命令创建三维实体。

（1）绘制一个 50×40 的矩形和一个半径为 15 的圆（圆心在矩形中线交点，用"临时追点"捕捉圆心位置），如图 6-32 所示 。

（2）创建矩形和圆两个面域，如图 6-33 所示。

（3）拉伸面域，创建四棱柱体的圆柱体（拉伸高度：30；角度：10°），如图 6-34～图 6-36 所示。

（4）用四棱柱体减去圆柱体，如图 6-37 所示。

执行命令后，命令行提示如下。

命令：REG

REGION

选择对象：找到 1 个

选择对象：

已提取 1 个环。

已创建 1 个面域。

命令: EXT

EXTRUDE

当前线框密度: ISOLINES=4, 闭合轮廓创建模式 = 实体

选择要拉伸的对象或 [模式(MO)]: 找到 1 个

选择要拉伸的对象或 [模式(MO)]:

指定拉伸的高度或 [方向(D)/路径(P)/倾斜角(T)/表达式(E)] <30.0000>: T

指定拉伸的倾斜角度或 [表达式(E)] <0>: 10

指定拉伸的高度或 [方向(D)/路径(P)/倾斜角(T)/表达式(E)] <30.0000>: 30

命令: SU

SUBTRACT 选择要从中减去的实体、曲面和面域...

选择对象: 找到 1 个

选择对象: 选择要减去的实体、曲面和面域...

选择对象: 找到 1 个

选择对象:

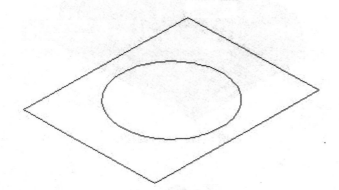

图 6–32　绘制矩形和圆

图 6–33　创建面域

235

图 6-34 拉伸圆柱体

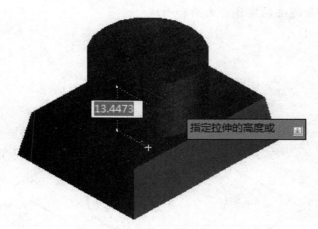

图 6-35 拉伸四棱柱

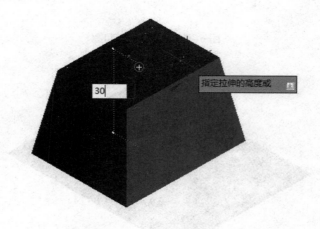

图 6-36 拉伸后效果图

图 6-37　差集后效果图

2. 旋转

用"旋转"命令创建三维实体的方法有以下 3 种。

（1）绘制二维图形→选择菜单栏中的"绘图"选项→单击"建模"→"旋转"→选择旋转轴→按<空格>或<Enter>键。

（2）绘制二维图形→在工具栏空白处右击，调用"建模"工具栏→单击"旋转"图标。

（3）绘制二维图形→在命令行中输入"REVOLVE"→按<空格>或<Enter>键→选择对象输入参数值进行旋转。

● 练习

用旋转实体命令创建如图 6-40 所示的三维实体。

（1）绘制一个 50×40 的矩形和一条直线，如图 6-38 所示。

（2）选择矩形，进行面域，如图 6-39 所示。

（3）以直线为旋转轴旋转矩形生成实体，效果图如图 6-40 所示。

执行命令后，命令行提示如下。

命令: REV

REVOLVE

当前线框密度：ISOLINES=4，闭合轮廓创建模式 = 实体

选择要旋转的对象或 [模式(MO)]: 找到 1 个

选择要旋转的对象或 [模式(MO)]:

指定轴起点或根据以下选项之一定义轴 [对象(O)/X/Y/Z] <对象>:

指定轴端点：

指定旋转角度或 [起点角度(ST)/反转(R)/表达式(EX)] <360>: 360

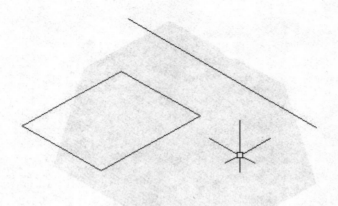

图 6-38　绘制矩形和直线

图 6-39　面域矩形

图 6-40　REV 旋转后效果图

3. 扫掠

用"扫掠"命令创建三维实体的方法有以下 3 种。

（1）分别绘制二维图形扫掠对象和扫掠路径→选择菜单栏中的"绘图"选项→单击"建模"→"扫掠"→选择扫掠对象→按<空格>或<Enter>键→选择扫掠路径。

（2）分别绘制二维图形扫掠对象和扫掠路径→在工具栏空白处右击，调用"建模"工具栏→单击"扫掠"图标→选择扫掠对象→按<空格>或<Enter>键→选择扫掠路径。

（3）分别绘制二维图形扫掠对象和扫掠路径→在命令行中输入"SWEEP"→按<空格>或<Enter>键→选择扫掠对象→选择扫掠路径。

● 练习

在西南等轴测视图中，沿已知路径扫掠（直线）已知对象（圆）创建三维实体。

首先画出扫掠对象和扫掠路径，如图6-41所示。选择要扫掠的对象圆，如图6-42所示。然后选择扫掠路径，即已知直线，如图6-43所示。单击<空格>或<Enter>键，确认扫掠完成，如图6-44所示。

执行命令后，命令行提示如下。

命令: _sweep

当前线框密度： ISOLINES=4，闭合轮廓创建模式 = 实体

选择要扫掠的对象或 [模式(MO)]: _MO 闭合轮廓创建模式 [实体(SO)/曲面(SU)] <实体>: _SO

选择要扫掠的对象或 [模式(MO)]: 找到 1 个

选择要扫掠的对象或 [模式(MO)]:

选择扫掠路径或 [对齐(A)/基点(B)/比例(S)/扭曲(T)]:

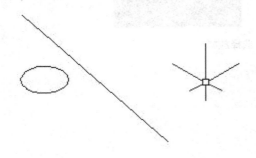

图6-41 绘制扫掠对象和路径

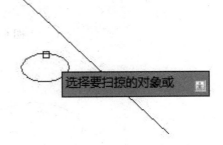

图6-42 选择扫掠对象

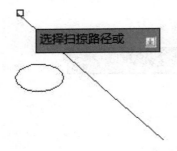

图6-43 选择扫掠路径

图6-44 扫掠后效果图

4. 放样

用"放样"命令创建三维实体的方法有以下 3 种。

（1）绘制二维图形→选择菜单栏中的"绘图"选项→单击"建模"→"放样"→连续选择对象→按<空格>或<Enter>键→弹出"放样设置"对话框→完成设置。

（2）绘制二维图形→在工具栏空白处右击，调用"建模"工具栏→单击"放样"图标→连续选择对象→按<空格>或<Enter>键→弹出"放样设置"对话框→完成设置。

（3）绘制二维图形→在命令行中输入"LOFT"→按<空格>或<Enter>键→连续选择对象→按<空格>或<Enter>键→弹出"放样设置"对话框→完成设置。

放样的创建过程及最后效果如图 6-45～图 6-49 所示。

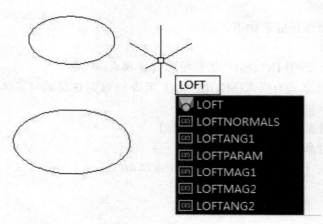

图 6-45　选择放样

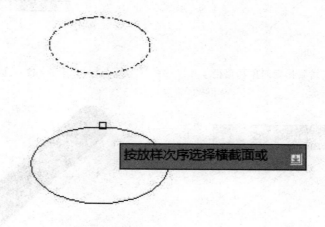

图 6-46　依次选择对象

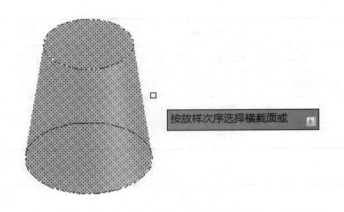

图 6-47　按放样次序选择横截面

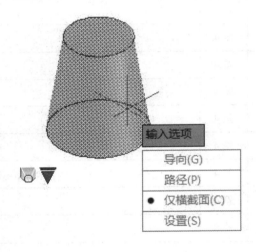

图 6-48　选择"仅横截面"

图 6-49　放样最终效果

任务评价

各组代表展示作品，介绍任务的完成过程，并完成表 6-7～表 6-9 所示的评价表。

表 6-7　学生自评表

班级：	姓名：		学号：	
任务：创建三维实体				
评价项目	评价标准		分值	得分
学习态度	学习态度端正，热爱学习、提前预习		20	
学习习惯	勤奋好学、工作习惯良好		20	

续表

评价项目	评价标准	分值	得分
上课纪律	课堂积极，无迟到、早退、旷课现象	20	
实践练习	思路清晰，绘图操作步骤正确、绘制的图形正确	20	
职业素养	安全生产、保护环境、爱护设施	20	
合计			

表 6-8　小组互评表

任务：创建三维实体					
评价项目	分值	等级			评价对象__组
计划合理	10	优 10	良 8	中 6	差 4
方案准确	10	优 10	良 8	中 6	差 4
团队合作	10	优 10	良 8	中 6	差 4
组织有序	10	优 10	良 8	中 6	差 4
工作质量	10	优 10	良 8	中 6	差 4
工作效率	10	优 10	良 8	中 6	差 4
工作完整	10	优 10	良 8	中 6	差 4
工作规范	10	优 10	良 8	中 6	差 4
成果展示	20	优 20	良 16	中 12	差 8
合计					

表 6-9　教师评价表

班级：	姓名：		学号：
任务：创建三维实体			
评价项目	评价标准	分值	得分
考勤	无迟到、旷课、早退现象	10	
完成时间	60 分钟满分，每多 10 分钟减 1 分	10	
理论填写	正确率 100%为 20 分	20	
绘图规范	操作规范、绘制图形美观正确	10	
技能训练	绘制正确满分为 20 分	20	

评价项目	评价标准	分值	得分
协调能力	与小组成员之间合作交流	10	
职业素养	安全工作、保护环境、爱护设施	10	
成果展示	能准确汇报工作成果	10	
合计			

综合评价	自评（20%）	小组互评（30%）	教师评价（50%）	综合得分	

任务总结

（1）通过完成上述任务，你学到了哪些知识和技能？

_____

_____

_____

（2）在创建三维实体过程中，有哪些需要注意的事项？

_____

_____

_____

_____

知识学习

1. 拉伸

从封闭区域的对象创建三维实体，或从具有开口的对象创建三维曲面。可按指定方向或沿选定的路径，从源对象所在的平面以正交方式拉伸对象。也可以指定倾斜角。

在三维建模中，"拉伸"命令用来拉伸二维对象生成三维实体。拉伸的二维对象可以是多边形、圆、椭圆等封闭曲线。可以通过下列方式创建拉伸实体。

（1）菜单命令：单击"绘图"→"实体"→"拉伸"命令。

（2）工具栏：单击"建模"工具栏中的"拉伸"按钮。

（3）命令行：在命令行输入"EXTRUDE"。命令详解如图 6-50 所示。

● 小提示

（1）拉伸对象只能是二维面域或整体线框图形。

（2）拉伸高度有正负之分，正值表示向 Z 轴正方向拉伸，负值表示向 Z 轴负方向拉伸。

（3）拉伸时的倾斜角度有正负之分，且对外表面和内表面的作用不一样。

（4）在三维视图方式下绘制二维图形，只能在 XY 平面上绘制。

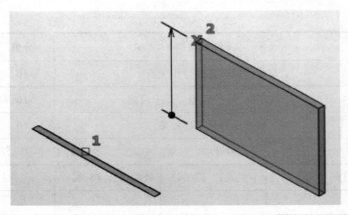

图 6－50　拉伸

2. 旋转

通过绕轴扫掠对象创建三维实体。开放轮廓可创建曲面，闭合轮廓则可创建实体或曲面。"模式"选项控制是否创建曲面实体。

可以通过下列方式创建旋转实体。

（1）菜单命令：单击"绘图"→"建模"→"旋转"命令。

（2）工具栏：单击"建模"工具栏中的"旋转"按钮。

（3）命令行：在命令行输入"REVOLVE"。命令详解如图 6－51 所示。

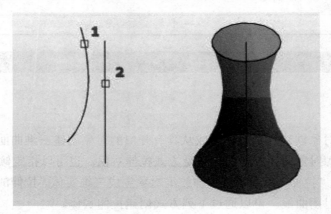

图 6－51　旋转

● 小提示

旋转对象可以是二维面域，也可以是完整封闭的二维图形。

3. 扫掠

通过沿开放或闭合路径扫掠二维对象或子对象来创建三维实体或三维曲面。开口对象可以创建三维曲面，而封闭区域的对象可以设置为创建三维实体或三维曲面。

可以通过下列方式创建扫掠实体。

（1）菜单命令：单击"绘图"→"建模"→"扫掠"命令。

（2）工具栏：单击"建模"工具栏中的"扫掠"按钮。

（3）命令行：在命令行输入"SWEEP"。命令详解如图 6-52 所示。

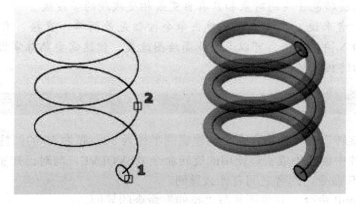

图 6-52　扫掠

● 小提示

（1）在扫掠时，可以同时扫掠多个对象，但是这些对象都必须在同一平面中。

（2）如果沿一条路径扫掠闭合曲线，则生成实体。如果扫掠开放的曲线，则生成曲面，无法创建实体。

4. 放样

在若干横截面之间的空间中创建三维实体或曲面。通过指定一系列横截面来创建三维实体或曲面。横截面定义了结果实体或曲面的形状。必须至少指定两个横截面。

可以通过下列方式创建放样实体。

（1）菜单命令：单击"绘图"→"建模"→"放样"命令。

（2）工具栏：单击"建模"工具栏中的"放样"按钮。

（3）命令行：在命令行输入"LOFT"。命令详解如图 6-53 所示。

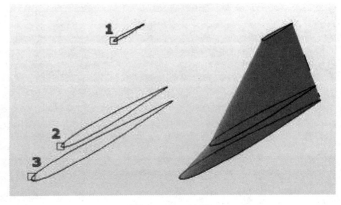

图 6-53　放样

● 小提示

（1）工作空间需要从 AutoCAD 经典模式切换到三维建模模式。

（2）在创建三维实体之前可以事先将"建模"工具栏调出，事半功倍。

（3）用户不能旋转包含块的对象和具有自交或相交线段的多段线。

（4）对于初学者来说，在工具栏中单击命令按钮是最简单、直接、有效的命令输入方式。在命令行中输入快捷命令，可以大大提高绘图速度，但这需要熟练掌握各种常用的快捷命令，是操作者的终极目标。

拓展训练

1. 分别用"旋转"和"扫掠"命令创建底圆半径为 30、高为 60 的圆柱体。

2. 对比在软件中创建生成实体使用的旋转命令 REVOLVE，与对已知实体进行三维旋转使用的 **3DROTATE** 命令，两者之间有什么异同。

3. 自学 Presspull 命令，并分析其与"拉伸"命令的异同。

任务 4　编辑三维实体

任务描述

　　AutoCAD 2020 软件中，用户也可以编辑三维图形对象，并且二维图形对象编辑中的大多数命令都适用于三维图形，如剖切实体、三维旋转、三维镜像（见图 6-54）、三维对齐、三维阵列等。

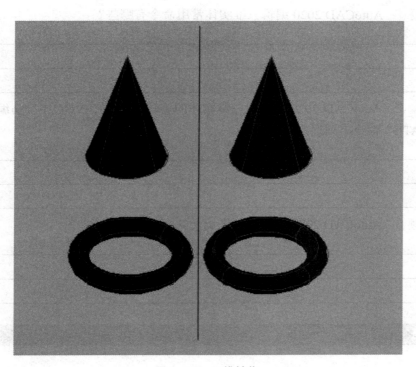

图 6-54　三维镜像

任务目标

　　（1）掌握"剖切实体"命令的操作方法。

　　（2）掌握"三维旋转"命令的操作方法。

　　（3）掌握"三维镜像"命令的操作方法。

　　（4）掌握"三维对齐"命令的操作方法。

　　（5）掌握"三维阵列"命令的操作方法。

任务分组

班级		组号		指导老师	
组长		学号			
组员					

任务准备

引导问题 1：AutoCAD 2020 编辑三维实体常用命令有哪些？

_____

_____

引导问题 2：AutoCAD 2020 中创建三维实体的旋转命令"REVOLVE"与编辑三维实体的"3DROTATE"命令有何区别？

_____

_____

_____

引导问题 3：AutoCAD 2020 中进行三维旋转的注意事项有哪些？

_____

_____

_____

_____

任务实施

1. 剖切实体

用"剖切实体"命令编辑三维实体的方法有以下 2 种。

（1）选择菜单栏中的"修改"选项→单击"三维操作"→选择"剖切"命令。

（2）在命令行中输入"SLICE"→选择要剖切的三维对象→指定剖切的起点、终点和所需侧面指定点。

其操作过程及效果图如图 6-55～图 6-57 所示。

图 6-55 绘制圆环体

图 6-56 剖切圆环体

图 6-57 剖切圆环体部分移动后效果

2. 三维旋转

用"三维旋转"命令编辑三维实体的方法有以下 2 种。

（1）选择菜单栏中的"修改"选项→单击"三维操作"→选择"三维旋转"命令。

（2）在命令行中输入"3DROTATE"→选择要进行三维旋转的三维对象→指定旋转轴和旋转基点→输入旋转角度。

执行命令后，命令行提示如下。

命令: TORUS

指定中心点或 [三点(3P)/两点(2P)/切点、切点、半径(T)]:

指定半径或 [直径(D)] <340.5689>:

指定圆管半径或 [两点(2P)/直径(D)] <64.7204>:

命令: _3drotate

UCS 当前的正角方向： ANGDIR=逆时针 ANGBASE=0

选择对象: 找到 1 个

选择对象:

指定基点:

拾取旋转轴:

指定角的起点或键入角度: 90

其操作过程及效果图如图 6-58～图 6-60 所示。

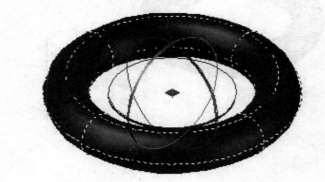

图 6-58 3DROTATE 三维旋转

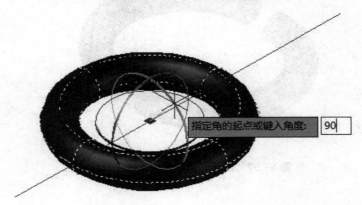

图 6-59 拾取旋转轴

图 6－60　三维旋转后效果

3. 三维镜像

用"三维镜像"命令编辑三维实体的方法有以下 2 种。

（1）选择菜单栏中的"修改"选项→单击"三维操作"→选择"三维镜像"命令。

（2）在命令行中输入"3DMIRROR"→选择要进行三维镜像的三维对象→指定镜像对称轴→按<空格>或<Enter>键完成三维镜像。

执行命令后，命令行提示如下。

命令: CONE

指定底面的中心点或 [三点(3P)/两点(2P)/切点、切点、半径(T)/椭圆(E)]:

指定底面半径或 [直径(D)] <362.4273>:

指定高度或 [两点(2P)/轴端点(A)/顶面半径(T)] <334.5268>:

命令: 3DMIRROR

MIRROR3D

选择对象: 找到 1 个

选择对象:

指定镜像平面 (三点) 的第一个点或

[对象(O)/最近的(L)/Z 轴(Z)/视图(V)/XY 平面(XY)/YZ 平面(YZ)/ZX 平面(ZX)/三点(3)]

<三点>: 在镜像平面上指定第二点: 在镜像平面上指定第三点:

是否删除源对象? [是(Y)/否(N)] <否>: N

其操作过程及效果图如图 6－61～图 6－64 所示。

选择对象:

图 6-61　绘制三维镜像对象圆锥体　　　　图 6-62　选择三维镜像对象

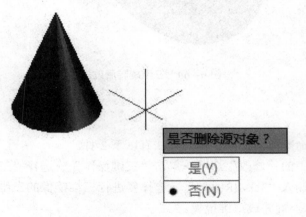

是否删除源对象？

是(Y)
● 否(N)

图 6-63　选择是否删除源对象

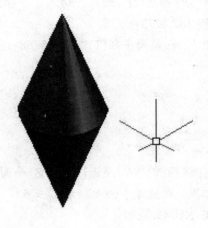

图 6-64　三维镜像后效果图

4. 三维对齐

用"三维对齐"命令编辑三维实体的方法有以下 2 种。

（1）选择菜单栏中的"修改"选项→单击"三维操作"→选择"三维对齐"命令。

（2）在命令行中输入"3DALIGN"→选择要进行三维对齐的三维对象→指定对齐基点→按<空格>或<Enter>键完成三维对齐。

其操作过程及效果图如图 6-65～图 6-66 所示。

图 6-65　正方体三维对齐之前

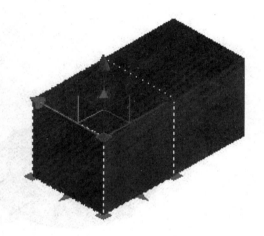

图 6-66　三维对齐后效果图

5. 三维阵列

用"三维阵列"命令编辑三维实体的方法有以下 2 种。

（1）选择菜单栏中的"修改"选项→单击"三维操作"→选择"三维阵列"命令。

（2）在命令行中输入"3DARRAY"→选择要进行三维阵列的三维对象→选择"矩形阵列"或者"环形阵列"→输入给定参数完成三维阵列。

其操作过程及效果图如图 6-67～图 6-73 所示。

图 6-67　绘制三维阵列对象圆环体

图 6-68　选择阵列类型

图 6-69　输入三维阵列项目数目

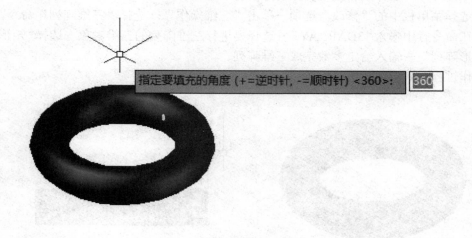

图 6-70　三维阵列填充角度

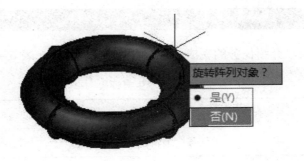

图 6−71　选择是否旋转阵列对象

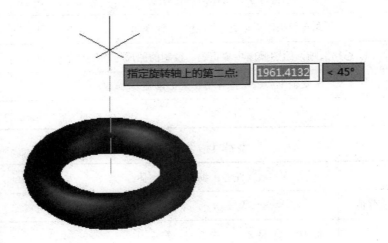

图 6−72　指定三维阵列旋转轴

图 6−73　三维阵列效果图

任务评价

各组代表展示作品，介绍任务的完成过程，并完成表 6-10～表 6-12 所示的评价表。

表 6-10　学生自评表

班级：	姓名：		学号：	
任务：编辑三维实体				
评价项目	评价标准		分值	得分
学习态度	学习态度端正，热爱学习、提前预习		20	
学习习惯	勤奋好学、工作习惯良好		20	
上课纪律	课堂积极，无迟到、早退、旷课现象		20	
实践练习	思路清晰，绘图操作步骤正确、绘制的图形正确		20	
职业素养	安全生产、保护环境、爱护设施		20	
合计				

表 6-11　小组互评表

评价项目	分值	等级				评价对象__组
任务：编辑三维实体						
计划合理	10	优 10	良 8	中 6	差 4	
方案准确	10	优 10	良 8	中 6	差 4	
团队合作	10	优 10	良 8	中 6	差 4	
组织有序	10	优 10	良 8	中 6	差 4	
工作质量	10	优 10	良 8	中 6	差 4	
工作效率	10	优 10	良 8	中 6	差 4	
工作完整	10	优 10	良 8	中 6	差 4	
工作规范	10	优 10	良 8	中 6	差 4	
成果展示	20	优 20	良 16	中 12	差 8	
合计						

表 6-12　教师评价表

班级：	姓名：		学号：	
任务：编辑三维实体				
评价项目	评价标准		分值	得分
考勤	无迟到、旷课、早退现象		10	
完成时间	60 分钟满分，每多 10 分钟减 1 分		10	
理论填写	正确率 100%为 20 分		20	
绘图规范	操作规范、绘制图形美观正确		10	
技能训练	绘制正确满分为 20 分		20	
协调能力	与小组成员之间合作交流		10	
职业素养	安全工作、保护环境、爱护设施		10	
成果展示	能准确汇报工作成果		10	
合计				
综合评价	自评（20%）	小组互评（30%）	教师评价（50%）	综合得分

任务总结

（1）通过完成上述任务，你学到了哪些知识和技能？

_____

_____

（2）三维实体编辑与二维图形编辑的命令有哪些异同点？

_____

_____

_____

知识学习

1. 剖切实体

通过剖切或分割现有对象，创建新的三维实体。可以通过 2 个或 3 个点定义剪切平面，方法是指定 UCS 的主要平面，或者选择某个平面或曲面对象（而非网格）。可以保留剖切对象的一个或两个侧面。

在三维建模中，用户可以利用三维实体剖切功能很方便地绘制实体的剖切面。可以通过下列方式调用"剖切实体"命令。

（1）单击"修改"→"三维操作"→"剖切"命令。

（2）在命令行输入"SLICE"。命令详解如图 6-74 所示。

2. 三维旋转

在三维视图中，显示三维旋转小控件以协助绕基点旋转三维对象。使用三维旋转小控件，用户可以自由地通过拖动来旋转选定的对象和子对象，或将旋转约束到轴。

用 AutoCAD 2020 提供的"3DROTATE"命令，可以在三维空间内沿指定旋转轴旋转三维对象。实现三维旋转的方法如下。

（1）单击"修改"→"三维操作"→"三维旋转"命令。

（2）在命令行输入"3DROTATE"。命令详解如图 6-75 所示。

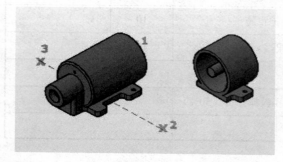

图 6-74　剖切实体

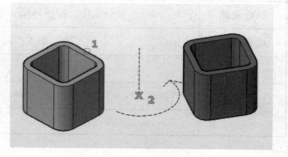

图 6-75　三维旋转

3. 三维镜像

创建镜像平面上选定的三维对象的镜像副本。可以通过将对象与指定平面对齐或通过指定三个点来指定镜像平面。

用 AutoCAD 2020 提供的"3DMIRROR"命令，可以在三维空间内沿指定的镜像平面创建对象的镜像。实现三维镜像的方法如下。

（1）单击"修改"→"三维操作"→"三维镜像"命令。

（2）在命令行输入"3DMIRROR"。命令详解如图 6-76 所示。

4. 三维对齐

在三维空间中将对象与其他对象对齐。在要对齐的对象上指定最多三个点。然后在目标对象上指定最多三个相应的点。选择一个或多个要对齐的对象。将移动并旋转选定的对象，以便将源对象的基点和 X 轴、Y 轴在三维空间中与目标对齐。3DALIGN 用于动态 UCS（DUCS），因此可以动态地拖动选定对象并使其与实体对象的面对齐。

用 AutoCAD 2020 提供的"3DALIGN"命令，可以在三维空间将两个对象沿指定的方向对齐。实现三维对齐的方法如下。

（1）单击"修改"→"三维操作"→"三维对齐"命令。

（2）在命令行输入"3DALIGN"。命令详解如图 6-77 所示。

5. 三维阵列

创建非关联三维矩形或环形阵列。3DARRAY 功能已替换为增强的 ARRAY 命令，该命令允许您创建关联或非关联、二维或三维、矩形、路径或环形阵列。3DARRAY 保留传统行为。对于三维矩形阵列，除行数和列数外，用户还可以指定 Z 方向的层数。对于三维环形阵列，用户可以通过空间中的任意两点指定旋转轴。

用 AutoCAD 2020 提供的"3DARRAY"命令，可以在三维空间内创建对象的矩形阵列或环形阵列。实现三维陈列的方法如下。

（1）单击"修改"→"三维操作"→"三维阵列"命令。

（2）在命令行输入"3DARRAY"。命令详解如图 6-78 所示。

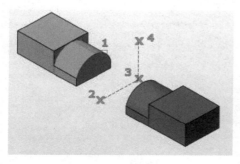

图 6-76　三维镜像

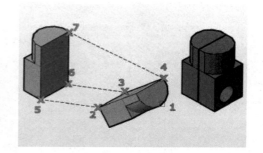

图 6-77　三维对齐

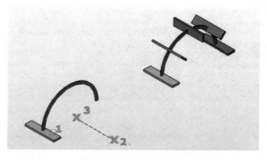

图 6-78　三维阵列

● 小提示

（1）工作空间需要从 AutoCAD 经典模式切换到三维建模模式。

（2）单击"修改"菜单命令，选择"三维操作"，按用户需求选择选项，简单快捷。

（3）对比二维图形的编辑，三维实体的编辑通过命令行调用命令时，除了剖切实体命令都是"SLICE"以外，三维旋转、三维镜像、三维对齐、三维阵列均只需要在命令前加上"3D"即可，触类旁通，方便记忆。

（4）对于初学者来说，在工具栏中单击相应命令按钮是最简单、直接、有效的命令输入方式。在命令行中输入快捷命令，可以大大提高绘图速度，但这需要熟练掌握各种常用的快捷命令，是操作者的终极目标。

拓展训练

1. 结合之前所学二维图形编辑中的布尔运算，举一反三运用布尔运算编辑三维实体。
2. 根据所学，思考地球仪绘制过程中需要用到哪些实体编辑命令。

任务 5　生成轴承盖的三视图

任务描述

　　根据本项目前面所学的创建 UCS、创建基本几何体、创建三维实体和编辑三维实体等三维建模的基本内容，结合机械制图和二维图形绘制等知识和技能，使用 AutoCAD 2020 软件进行轴承盖实体三维建模（见图 6－79），并生成轴承盖三视图。

图 6－79　轴承盖三维建模

任务目标

　　（1）掌握轴承盖的三维建模方法。
　　（2）掌握由轴承盖三维建模正确生成三视图的方法。

任务分组

班级		组号		指导老师	
组长		学号			
组员					

任务准备

引导问题 1：用 AutoCAD 2020 完成轴承盖三维建模需要调用哪些命令？

_____

_____

引导问题 2：AutoCAD 2020 由三维建模到正确生成三视图的过程是什么？

_____

_____

引导问题 3：AutoCAD 2020 如何直接用俯视图和剖面图进行轴承盖三维建模？

_____

_____

_____

任务实施

1. 创建视口

创建视口有以下 2 种方法。

（1）选择菜单栏中的"视图"→"视口"→"新建视口"命令。

（2）在工具栏任意空白处右击，调用"视口"工具栏。

2. 设置轮廓

根据前面所学内容，参考给定参数进行轴承盖三维建模。

3. 生成轴承盖三视图

在命令行输入"VIEWBASE"，按<空格>或<Enter>键→输入"M"，按<Enter>键→输入"E"，按<Enter>或<空格>键→分别单击三视图位置→按<Enter>键。

执行命令后，命令行提示如下。

命令：VIEWBASE

指定模型源［模型空间（M）/文件（F）］<模型空间>：M

选择对象或［整个模型（E）］<整个模型>：E

输入要置为当前的新的或现有布局名称或［？］<布局 1>：布局 1

正在重生成布局：

正在重生成布局：

类型=基础和投影　隐藏线=可见线和隐藏线（I）　比例=1:2

指定基础视图的位置或［类型（T）/选择（E）/方向（O）/隐藏线（H）/比例（S）/可见

性（V）] <选择>

选择选项 [选择（E）/方问（O）/隐藏线（H）/比例（S）/可见性（V）/移动（M）/ 退出（X）] <退出>

指定投影视图的位置或<退出>：

指定投影视图的位置或 [放弃（U）/退出（X）] <退出>：

指定投影视图的位置或 [放弃（U）/退出（X）] <退出>：

指定投影视图的位置或 [放弃（U）/退出（X）] <退出>：

已成功创建基础视图和 3 个投影视图。依次生成轴承盖三视图，其过程如图 6-80~图 6-85 所示。

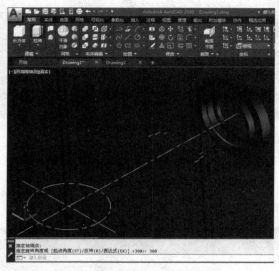

图 6-80 轴承盖三维建模完成

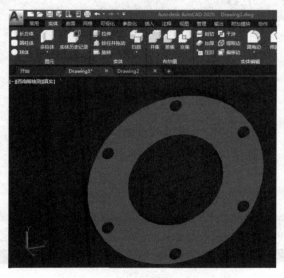

图 6-81 动态观察轴承盖三维建模

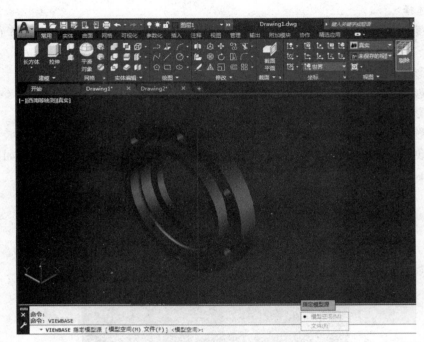

图 6-82　用 VIEWBASE 命令（选择模型空间（M）→选择整个模型（E）→命名布局 1）

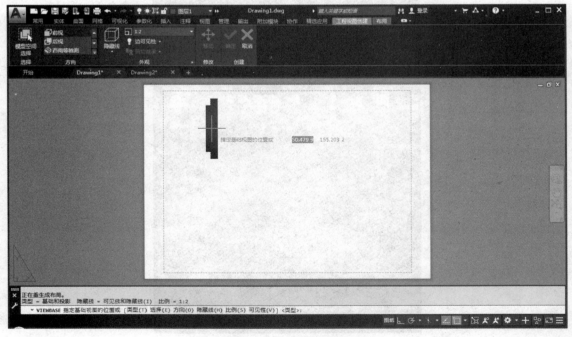

图 6-83　在对应位置生成主视图

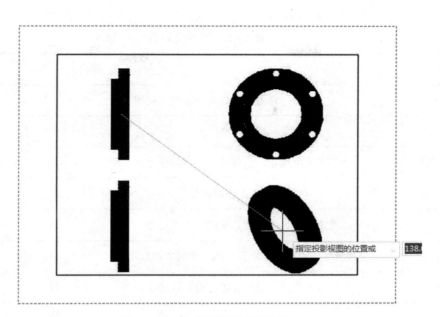

图 6-84　生成初步三视图轮廓

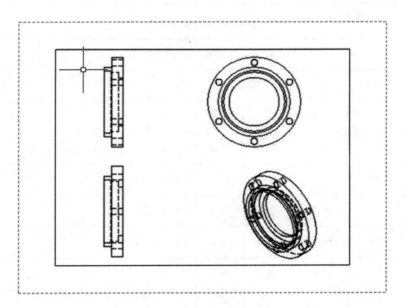

图 6-85　生成轴承盖三视图

任务评价

　　各组代表展示作品，介绍任务的完成过程，并完成表 6-13～表 6-15 所示的评价表。

表 6-13　学生自评表

班级：			姓名：		学号：	
任务：生成轴承盖的三视图						
评价项目	评价标准				分值	得分
学习态度	学习态度端正，热爱学习、提前预习				20	
学习习惯	勤奋好学、工作习惯良好				20	
上课纪律	课堂积极，无迟到、早退、旷课现象				20	
实践练习	思路清晰，绘图操作步骤正确、绘制的图形正确				20	
职业素养	安全生产、保护环境、爱护设施				20	
合计						

表 6-14　小组互评表

评价项目	分值	等级				评价对象__组
任务：生成轴承盖的三视图						
计划合理	10	优 10	良 8	中 6	差 4	
方案准确	10	优 10	良 8	中 6	差 4	
团队合作	10	优 10	良 8	中 6	差 4	
组织有序	10	优 10	良 8	中 6	差 4	
工作质量	10	优 10	良 8	中 6	差 4	
工作效率	10	优 10	良 8	中 6	差 4	
工作完整	10	优 10	良 8	中 6	差 4	
工作规范	10	优 10	良 8	中 6	差 4	
成果展示	20	优 20	良 16	中 12	差 8	
合计						

表 6-15　教师评价表

班级：		姓名：		学号：	
任务：生成轴承盖的三视图					
评价项目	评价标准			分值	得分
考勤	无迟到、旷课、早退现象			10	
完成时间	60 分钟满分，每多 10 分钟减 1 分			10	
理论填写	正确率 100%为 20 分			20	
绘图规范	操作规范、绘制图形美观正确			10	
技能训练	绘制正确满分为 20 分			20	
协调能力	与小组成员之间合作交流			10	
职业素养	安全工作、保护环境、爱护设施			10	
成果展示	能准确汇报工作成果			10	
合计					
综合评价	自评（20%）	小组互评（30%）	教师评价（50%）	综合得分	

任务总结

（1）通过完成上述任务，你巩固了哪些知识和技能？

_____

_____

（2）在轴承盖三维建模和生成轴承盖三视图的过程中，有哪些需要注意的事项？

_____

_____

_____

知识学习

1. 创建视口

用以下方式创建视口。

（1）选择菜单栏中的"视图"→"视口"→"新建视口"命令。

（2）在工具栏空白处右击，调用"视口"工具栏，如图 6-86 所示。

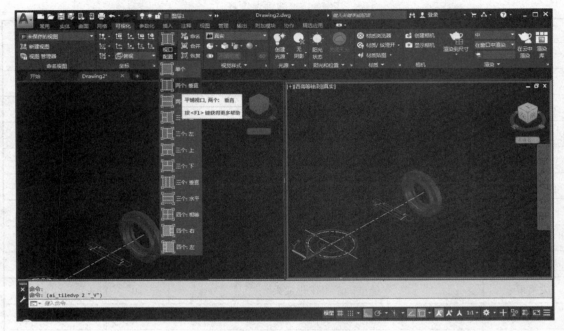

图 6-86　创建视口

2. 设置轮廓

根据前面所学内容进行轴承盖三维建模，如图 6-87 所示。

图 6-87　轴承盖三维建模

3. 生成轴承盖三视图

在命令行输入"VIEWBASE",按<空格>或<Enter>键→输入"M",按<Enter>键→输入"E",按<Enter>或<空格>键→分别单击三视图位置,按<Enter>键,依次生成轴承盖三视图。具体过程如图6-88～图6-93所示。

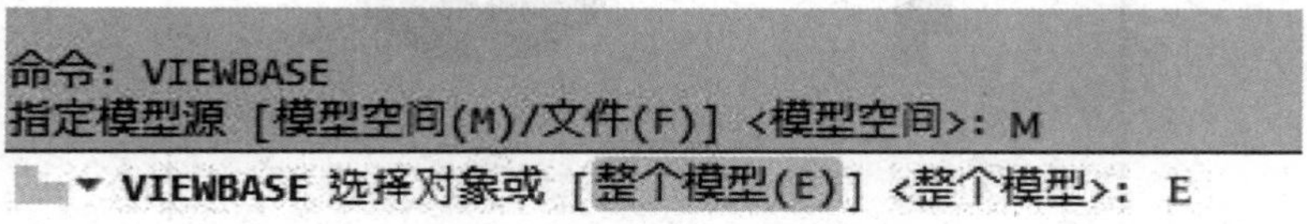

命令: VIEWBASE
指定模型源 [模型空间(M)/文件(F)] <模型空间>: M
▼ VIEWBASE 选择对象或 [整个模型(E)] <整个模型>: E

图6-88 输入"VIEWBASE"命令

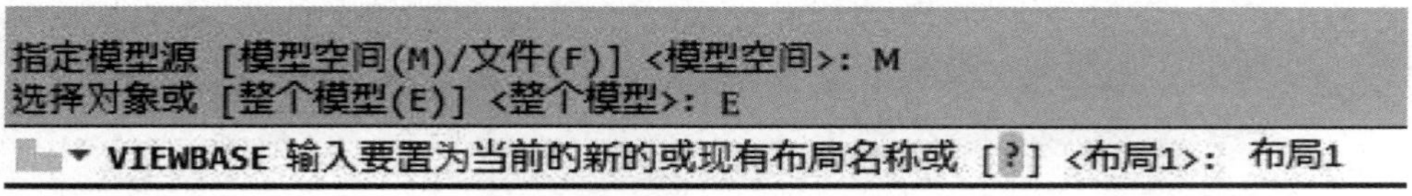

指定模型源 [模型空间(M)/文件(F)] <模型空间>: M
选择对象或 [整个模型(E)] <整个模型>: E
▼ VIEWBASE 输入要置为当前的新的或现有布局名称或 [?] <布局1>: 布局1

图6-89 指定模型空间和布局

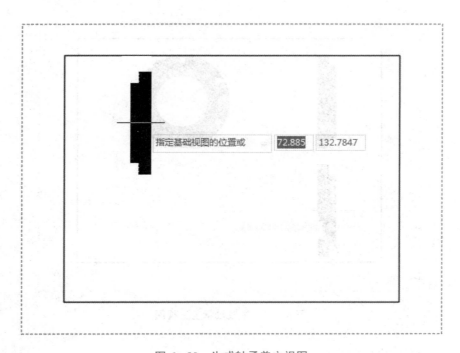

指定基础视图的位置或   72.885   132.7847

图6-90 生成轴承盖主视图

269

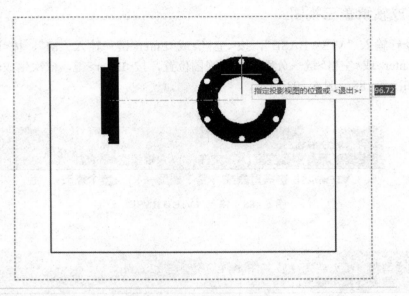

图 6-91 生成轴承盖左视图

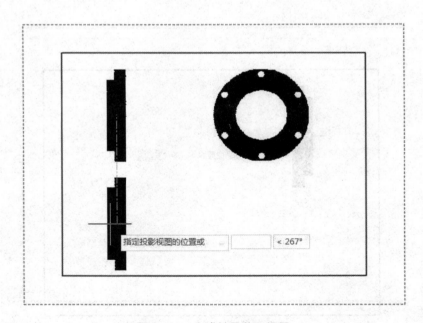

图 6-92 生成轴承盖三视图

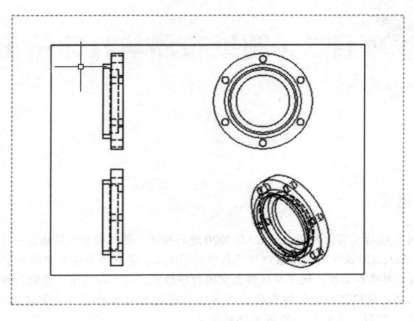

图 6-93　轴承盖三视图

● 小提示

（1）三维建模过程中会用到布尔运算，跟之前二维布尔运算方法一致。

（2）在建模和生成三视图之前可以事先将相关工具栏调出，方便快捷。

（3）对于初学者来说，在工具栏中单击相应命令按钮是最简单、直接、有效的命令输入方式。在命令行中输入快捷命令，可以大大提高绘图速度，但这需要熟练掌握各种常用的快捷命令，是操作者的终极目标。

拓展训练

1. 上机练习图 6-80 的三维建模方法，思考其中运用了哪些命令。

2. 思考三维建模与生成三视图是否是逆向过程。

项目 7 图纸布局与打印输出

🌀 项目描述

图样绘制完成后，可以利用 AutoCAD 2020 进行输出。图纸的打印输出是一个重要的环节。如何将 AutoCAD 2020 设计的图纸按照规范打印到图纸上，是一个与生产实际紧密结合的问题。针对不同的图形对象和需求，既可以从模型空间打印输出，也可以从图纸空间打印输出。

本项目主要是讲解图纸的打印和输出的方法。通过本项目的学习，掌握添加打印设备，设置打印样式、页面，正确打印绘图文件的方法。

任务 1 在模型空间中打印出图

任务描述

机械工程图样绘制完成之后，可利用 AutoCAD 2020 直接打印出图，图纸的打印输出也是一个重要环节。如何将设计的机械工程图样按照规范打印到图纸上，也是一个很重要的问题。针对不同的对象和需求，可以从模型空间或者图纸空间打印输出。如图 7-1 所示为窗口打印。

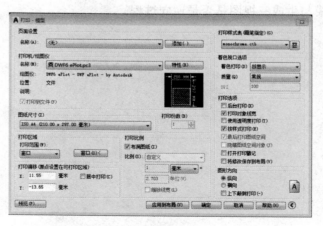

轴承盖三维建模

图 7-1 窗口打印

任务目标

（1）掌握窗口打印的方法。

（2）掌握图形界限打印的方法。

任务分组

班级		组号		指导老师	
组长		学号			
组员					

任务准备

引导问题 1：AutoCAD 2020 中利用模型空间进行打印的常用方法有哪几种？

_____

_____

引导问题 2：当出图比例不是 1:1 时应该如何调整图形比例？

_____

_____

_____

任务实施

1. 添加打印设备

选择合适的打印设备并安装。如果没有安装打印机，则可选择 AutoCAD 2020 提供的 DWF6 ePlot.pc3 虚拟打印机。

2. 设置打印参数

1）窗口打印

（1）选择合适的样板文件。

生成轴承盖三视图

（2）菜单命令：单击"文件"→"打印"命令，如图 7-2 所示，弹出"打印-模型"对话框。

（3）选择合适的打印设备。如果没有安装打印机，则可选择 AutoCAD 2020 提供的 DWF6 ePlot.pc3 虚拟打印机，如图 7-3 所示。

（4）选择合适的图纸尺寸。

（5）根据用户需要，选择正确的图形方向。

（6）"打印比例"选择"布满图纸"。

（7）"打印样式表"可选择"无"或者"monochrome.ctb"选项，如图 7-4 所示，此打印样式表示所有图线默认打印成黑色。

（8）"打印范围"选择"窗口"，如图 7-5 所示。此时"打印-模型"对话框消失，进入模型空间的绘图区域，依次选择图框左上角和右下角来确定打印范围。

（9）选择完毕之后，重新进入"打印-模型"对话框，如图 7-6 所示，可单击"预览"按钮查看打印效果，之后单击"确定"按钮进行打印。

图 7-2　选择打印

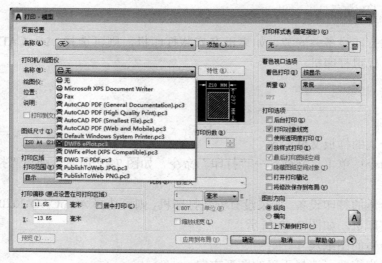

图 7-3　安装虚拟打印机

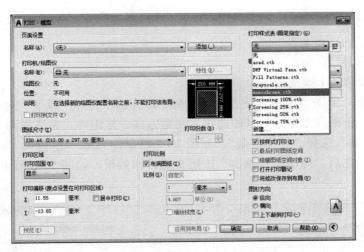

图 7－4　选择打印样式表

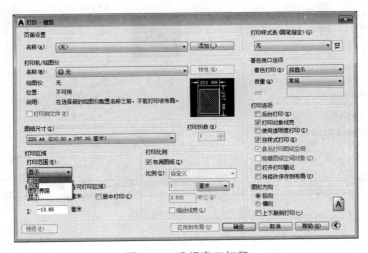

图 7－5　选择窗口打印

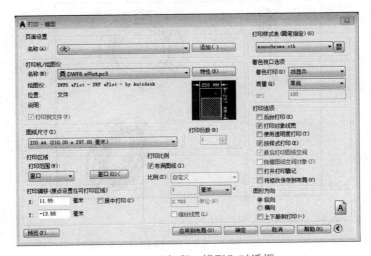

图 7－6　"打印－模型"对话框

2）图形界限打印

（1）选择合适的样板文件。

（2）设置图形界限。

（3）在图框中以 1:1 绘制图形。

（4）菜单命令：单击"文件"→"打印"命令，弹出"打印－模型"对话框。

（5）打印机、正确图纸尺寸、打印比例、图形方向、打印样式等选择同"1）窗口打印"。

（6）"打印范围"选择"图形界限"，如图 7-7 所示。

（7）选择完毕之后，可单击"预览"按钮查看打印效果，如图 7-8 所示，之后单击"确定"按钮进行打印。

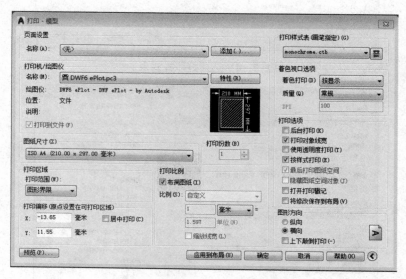

图 7-7　选择打印范围

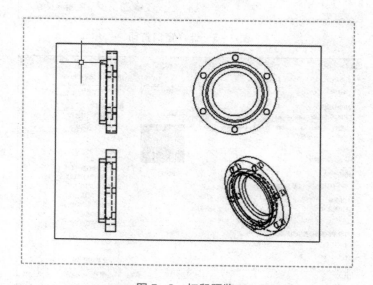

图 7-8　打印预览

任务评价

各组代表演示在模型空间中打印出图的操作，介绍任务的完成过程，并完成表 7–1～表 7–3 所示的评价表。

模型空间打印出图

表 7–1　学生自评表

班级：	姓名：		学号：	
任务：在模型空间中打印出图				
评价项目	评价标准		分值	得分
学习态度	学习态度端正，热爱学习、提前预习		20	
学习习惯	勤奋好学、工作习惯良好		20	
上课纪律	课堂积极，无迟到、早退、旷课现象		20	
实践练习	思路清晰，操作步骤正确		20	
职业素养	安全生产、保护环境、爱护设施		20	
合计				

表 7–2　小组互评表

评价项目	分值	等级				评价对象__组
任务：在模型空间中打印出图						
计划合理	10	优 10	良 8	中 6	差 4	
方案准确	10	优 10	良 8	中 6	差 4	
团队合作	10	优 10	良 8	中 6	差 4	
组织有序	10	优 10	良 8	中 6	差 4	
工作质量	10	优 10	良 8	中 6	差 4	
工作效率	10	优 10	良 8	中 6	差 4	
工作完整	10	优 10	良 8	中 6	差 4	
工作规范	10	优 10	良 8	中 6	差 4	
成果展示	20	优 20	良 16	中 12	差 8	
合计						

表 7-3　教师评价表

班级：	姓名：		学号：	
任务：在模型空间中打印出图				
评价项目	评价标准		分值	得分
考勤	无迟到、旷课、早退现象		10	
完成时间	60 分钟满分，每多 10 分钟减 1 分		10	
理论填写	正确率 100% 为 20 分		20	
绘图规范	操作规范、绘制图形美观正确		10	
技能训练	绘制正确满分为 20 分		20	
协调能力	与小组成员之间合作交流		10	
职业素养	安全工作、保护环境、爱护设施		10	
成果展示	能准确汇报工作成果		10	
合计				
综合评价	自评（20%）	小组互评（30%）	教师评价（50%）	综合得分

任务总结

（1）通过完成上述任务，你学到了哪些知识和技能？

_____

_____

（2）在利用模型空间打印出图的过程中，有哪些需要注意的事项？

_____

_____

_____

知识学习

1. 窗口打印操作步骤

在介绍窗口打印操作步骤之前先了解绘图比例、出图比例和打印比例的概念。

绘图比例：绘制的图形大小与实际大小的比例。

出图比例：打印到图纸上的图形的大小与实际大小的比例。

打印比例："打印－模型"对话框中设置的"打印比例"。

窗口打印操作步骤：

（1）选择合适的样板文件。

（2）菜单命令：单击"文件"→"打印"命令，弹出"打印－模型"对话框。

（3）选择合适的打印设备。如果没有安装打印机，则可选择 AutoCAD 2020 提供的 DWF6 ePlot.pc3 虚拟打印机。

（4）选择合适的图纸尺寸。

（5）根据用户需要，选择正确的图形方向。

（6）"打印比例"选择"布满图纸"。

（7）"打印样式表"可选择"无"或者"monochrome.ctb"选项，此打印样式表示所有图线默认打印成黑色。

（8）"打印范围"选择"窗口"，此时"打印－模型"对话框消失，进入模型空间的绘图区域，依次选择图框左上角和右下角来确定打印范围。

（9）选择完毕之后，重新进入"打印－模型"对话框，可单击"预览"按钮查看打印效果，之后单击"确定"按钮进行打印。

2. 图形界限打印操作步骤

（1）选择合适的样板文件。

（2）设置图形界限。

（3）在图框中以 1:1 绘制图形。

（4）菜单命令：单击"文件"→"打印"命令，弹出"打印－模型"对话框。

（5）打印机、正确图纸尺寸、打印比例、图形方向、打印样式等选择同窗口打印。

（6）"打印范围"选择"图形界限"。

（7）选择完毕之后，可单击"预览"按钮查看打印效果，之后单击"确定"按钮进行打印。

● 小提示

（1）工作空间需要从三维建模模式切换到 AutoCAD 经典模式。

（2）在打印之前确认已正确安装了打印设备，或者选择虚拟打印机。

（3）当出图比例不是 1:1 时，需要按照要求调整出图比例，对原图形按照出图比例的倒数，进行比例缩放。

（4）反复上机练习体会。

拓展训练

1. 将图 6-85 分别用窗口打印和图形界限打印出图。

2. 出图比例为 1:2 时如何对原图形进行缩放？

任务 2　在图纸空间用布局打印出图

任务描述

AutoCAD 2020 提供了一个用于进行图纸设置的图纸空间。图纸空间相当于模拟纸张，具备二维界限，并且有比例尺的概念。图纸空间用于布局图形、绘制局部放大图等。

布局是 AutoCAD 2020 中提供的图纸空间环境，模拟了一张图纸并可以提供打印预览设置。在布局中，用户可以创建和定位视口对象。视口是图形屏幕上用于显示图形的一个区域。默认状态下，把整个绘图区域作为单一视口，用户可以根据具体需要设置成多个视口，每个视口用来显示图形中的不同部分。

在图纸空间中的打印方法与模型空间中的打印方法和操作步骤是类似的，相比模型空间打印出图，利用图纸空间进行图纸的打印输出更加方便和灵活，功能也更加强大。

布局打印对话框如图 7−9 所示。

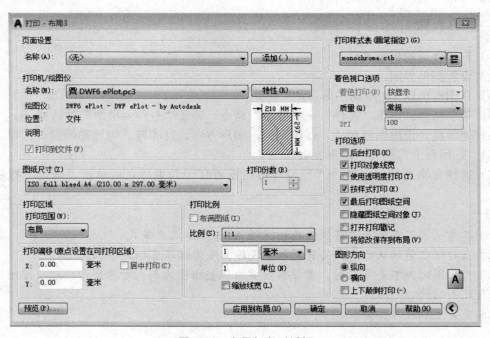

图 7−9　布局打印对话框

任务目标

（1）对比在模型空间中打印出图，了解在图纸空间用布局打印出图的特点。

（2）掌握利用图纸空间打印输出图形的正确方法。

任务分组

班级		组号		指导老师	
组长		学号			
组员					

任务准备

引导问题 1：AutoCAD 2020 利用图纸空间打印输出有哪些步骤？

_____

_____

_____

引导问题 2：与模型空间打印出图相比，图纸空间打印输出有哪些特点？

_____

_____

_____

任务实施

（1）选择合适的样板文件，按 1:1 绘制图形。不需要绘制图框、标题栏等。

（2）菜单命令：单击"插入"→"布局"命令→创建布局向导，弹出对话框→输入新布局名称→按系统提示逐步完成布局的设置。

布局设置的操作步骤如下：

① 打印机选择虚拟打印机 DWF6 ePlot.pc3。

②"图纸尺寸"选择 A4。

③"图形方向"选择"纵向"。

④ 标题栏选择"A4 纵向"样式。

⑤ 定义视口：选择单个视口，视口比例选择 1:1。

⑥ 拾取位置：单击"选择位置"按钮，在视图中指定要创建的视口的角点。

⑦ 单击"下一步"按钮，直至完成整个布局向导。

（3）布局向导完成之后，会出现新命名的布局；双击视口内部，激活视口，移动图形到合适的位置，在视口外围双击，使视口处于非激活状态。

（4）修改标题栏中相应内容，检查图形。

（5）菜单命令：单击"文件"→"打印"命令，弹出布局打印对话框，如图 7-9 所示。然后进行打印预览，如图 7-10 所示，再单击"确定"按钮，进行打印。

（6）保存打印文件，如图 7-11 所示。

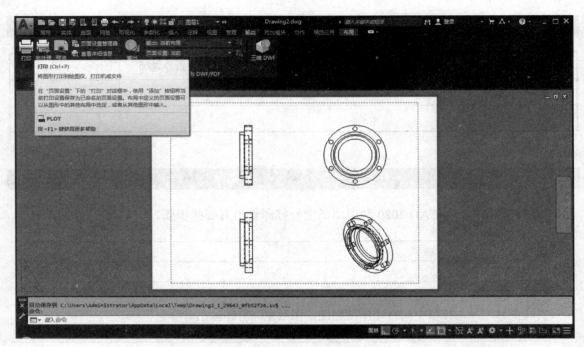

图 7-10　布局打印预览

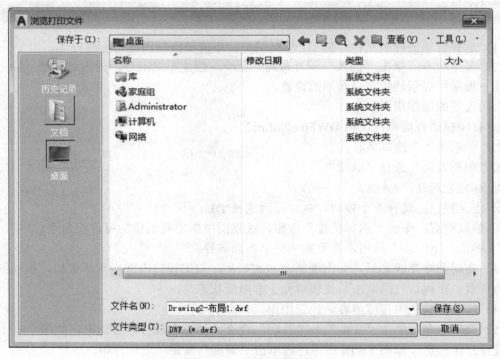

图 7-11　保存打印文件

任务评价

各组代表展示作品，介绍任务的完成过程，并完成表 7-4～表 7-6 所示的评价表。

表 7-4　学生互评表

班级：	姓名：		学号：	
任务：在图纸空间用布局打印出图				
评价项目	评价标准		分值	得分
学习态度	学习态度端正，热爱学习、提前预习		20	
学习习惯	勤奋好学、工作习惯良好		20	
上课纪律	课堂积极，无迟到、早退、旷课现象		20	
实践练习	思路清晰，操作步骤正确		20	
职业素养	安全生产、保护环境、爱护设施		20	
合计				

表 7-5　小组互评表

评价项目	分值	等级				评价对象__组
任务：在图纸空间用布局打印出图						
计划合理	10	优 10	良 8	中 6	差 4	
方案准确	10	优 10	良 8	中 6	差 4	
团队合作	10	优 10	良 8	中 6	差 4	
组织有序	10	优 10	良 8	中 6	差 4	
工作质量	10	优 10	良 8	中 6	差 4	
工作效率	10	优 10	良 8	中 6	差 4	
工作完整	10	优 10	良 8	中 6	差 4	
工作规范	10	优 10	良 8	中 6	差 4	
成果展示	20	优 20	良 16	中 12	差 8	
合计						

表 7-6　教师评价表

班级：		姓名：			学号：	
任务：在图纸空间用布局打印出图						
评价项目	评价标准			分值		得分
考勤	无迟到、旷课、早退现象			10		
完成时间	60 分钟满分，每多 10 分钟减 1 分			10		
理论填写	正确率 100%为 20 分			20		
绘图规范	操作规范、绘制图形美观正确			10		
技能训练	绘制正确满分为 20 分			20		
协调能力	与小组成员之间合作交流			10		
职业素养	安全工作、保护环境、爱护设施			10		
成果展示	能准确汇报工作成果			10		
合计						
综合评价	自评（20%）	小组互评（30%）	教师评价（50%）	综合得分		

任务总结

（1）通过完成上述任务，你学到了哪些知识和技能？

_____

_____

_____

_____

_____

_____

（2）在布局打印输出中，有哪些需要注意的事项？

_____

_____

_____

_____

_____

_____

_____

知识学习

相比模型空间打印出图，利用图纸空间进行图纸的打印输出更加方便和灵活，功能也更加强大。

其操作步骤如下。

（1）选择合适的样板文件，按 1:1 绘制图形。不需要绘制图框、标题栏等。

（2）菜单命令：单击"插入"→"布局"命令→创建布局向导，弹出对话框→输入新布局名称→按系统提示逐步完成布局的设置。

布局设置的操作步骤如下：

① 打印机选择虚拟打印机 DWF6 ePlot.pc3。

② "图纸尺寸"选择 A4。

③ "图形方向"选择"纵向"。

布局打印出图

④ 标题栏选择"A4 纵向"样式。

⑤ 定义视口：选择单个视口，视口比例选择 1:1。

⑥ 拾取位置：单击"选择位置"按钮，在视图中指定要创建的视口的角点。

⑦ 单击"下一步"按钮，直至完成整个布局向导。

（3）布局向导完成之后，会出现新命名的布局；双击视口内部，激活视口，移动图形到合适的位置，在视口外围双击，使视口处于非激活状态。

（4）修改标题栏中相应内容，检查图形。

（5）菜单命令：单击"文件"→"打印"命令，弹出布局打印对话框，如图 7-9 所示。然后进行打印预览，再单击"确定"按钮，进行打印。

● 小提示

（1）利用图纸空间进行打印，一般在模型空间里完成图形的绘制。尺寸标注、文字注释既可以在模型空间完成，也可以在图纸空间中完成。而通常情况下，图框和标题栏一般在图纸空间中完成。

（2）虽然相对于模型空间而言，利用图纸空间进行打印更加方便、灵活，功能更加强大，但对于机械类制图而言，优势不太明显。利用模型空间打印功能，基本可以方便地实现绝大多数机械工程图纸的打印。

拓展训练

1. 请改变视口的标准比例，看看有什么不同。
2. 当出图比例不是 1:1 时如何调整打印出图？

项目 8　综合实训

项目描述

　　万华禾香板业（荆门）有限责任公司引进目前世界最先进的德国迪芬巴赫公司的秸秆生态板生产线装备、德国温康纳公司的人造板材表面处理技术和智能化生产线，形成了完整的从无甲醛秸秆生态板生产到人造板饰面加工的产业链。

　　生产线配置了迪芬巴赫公司应用于超强刨花板设计的环式刨片机 MSF 1500 并带 3D 均匀进料系统、SPE 单通道滚筒干燥机、气流铺装机、铺装线、CPS＋连续压机、素板处理和相关辅助设备，并由迪芬巴赫公司进行全线电气和自动化集成与控制。

　　CPS＋连续压机是迪芬巴赫公司推出的全新一代的连续压机，除了延续迪芬巴赫独有的双关节柔性入口外，还对压机入口进行了重新设计，以适应压机更高速度的运行。新一代压机设计速度高达 2 500 mm/s，同时入口红外线 PIP 板坯监测装置可以确保压机高速度运行的安全。针对工业 4.0 智能化生产的需要，压机液压控制系统进行了优化设计，使压机纵、横向压力分布更均匀，厚度控制更加精准。同时采用升级后的素板厚度智能测量、矫正系统，可以在线自动检测和修正厚度，使产品质量更好，设备运行更加稳定，有效地提高了设备综合运转率。

　　但在设备长期运转过程中，由于运行条件超负荷，某些零部件磨损、老化或者本身受使用寿命限制而自然损坏等原因，会导致先进生产线因零部件损坏而停机，对于这类简单问题的处理，维修人员通过检查故障零部件，一般予以更换即可使设备恢复正常运行。但某些关键零部件是国外厂家专利，因此，这些零部件损坏以后，只能向厂商进口，手续复杂，供货周期长，且价格昂贵，严重影响企业生产进度和生产效率。

　　因此，机械生产部门通过细致测绘该零部件，进行了设备零部件国产化的尝试，通过不断地加工生产和优化，绘制出了完整的零件图。

任务 1　绘制压机烟湿风机联轴器

任务描述

　　联轴器一般用来连接不同机构中的两根轴（主动轴和从动轴），使之共同旋转并传递扭矩，部分联轴器还有缓冲、减振和提高轴系动态性能的作用。联轴器由两半部分组成，分别与主动轴和从动轴连接。一般动力机大都借助于联轴器与工作机相连接，是机械产品轴系传动最常用的连接部件。联轴器所连接的两轴，由于制造及安装误差，承载后的变形以及温度变化的影响等，会引起两轴相对位置的变化，往往不能保证严格的对中。

联轴器在高速旋转过程中不可避免地要产生高周疲劳及多次开、停机和机组负荷变化产生的低周疲劳。其在失效以后往往需要更换。

本次任务主要是使用 AutoCAD 2020 完成如图 8-1 所示的压机烟湿风机联轴器的绘制，独立、熟练完成绘制任务并掌握绘制完整零件图的操作方法及步骤。

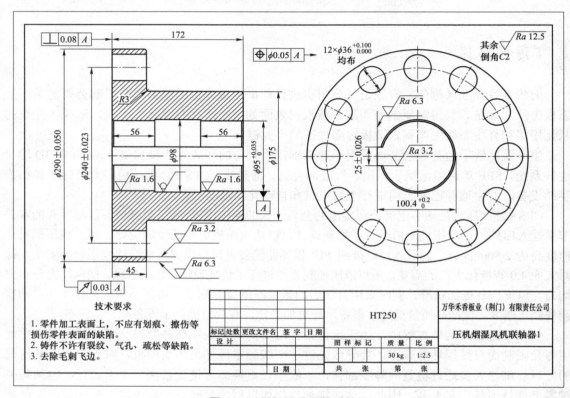

图 8-1 压机烟湿风机联轴器

任务目标

（1）熟练绘制压机烟湿风机联轴器。
（2）掌握绘制完整零件图的操作方法及步骤。

任务分组

班级		组号		指导老师	
组长		学号			
组员					

任务准备

引导问题 1：一张完整的零件图应包括哪些基本内容？

_____

_____

引导问题 2：简述用 AutoCAD 2020 绘制零件图的一般步骤。

_____

_____

_____

任务实施

1. 新建图纸

新建一张图纸，按照图 8-1 中的尺寸，图纸大小应设置成 A3，横放，因此图形界限设置为 420×297。

2. 显示图形界限

单击"全部缩放"按钮，运行"图形缩放"命令中的"全部"选项，图形栅格的界限将填充当前视口。或者在命令窗口输入"Z"，按<Enter>键，再输入"A"，按<Enter>键。

3. 设置对象捕捉

在状态栏的"对象捕捉"按钮上右击，在弹出的快捷菜单中选择"设置"选项，系统弹出"草图设置"对话框，选择"端点""交点""切点""圆心"和"点"选项，并启动"对象捕捉"功能，单击"确定"按钮。

4. 设置图层

按图形要求，打开"图层特性管理器"对话框，设置图层名、颜色、线型和线宽，如表 8-1 所示。

表 8-1　设置图层

图层名	颜色	线型	线宽/mm
粗实线	黑色	Continuous	0.50
细实线	绿色	Continuous	0.25
尺寸标注线	青色	Continuous	0.25
剖面线	紫色	Continuous	0.25
中心线	红色	CENTER	0.25

5. 绘制图框及标题栏

综合前面学习知识，按企业规定要求绘制零件图的 A3 图框和标题栏，如图 8-2 所示，具体尺寸参考项目 5 任务 2。

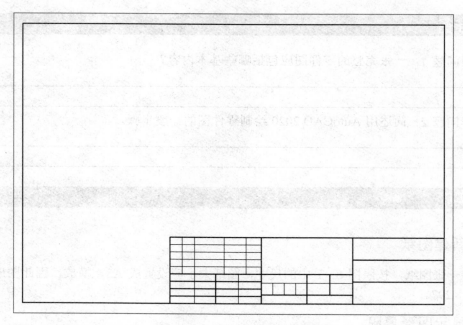

图 8-2　零件图图框及标题栏

6. 绘制零件图完整视图

按图 8-1 中的尺寸要求，绘制零件图完整视图，预留空间，合理布图，绘制完成后的效果如图 8-3 所示。

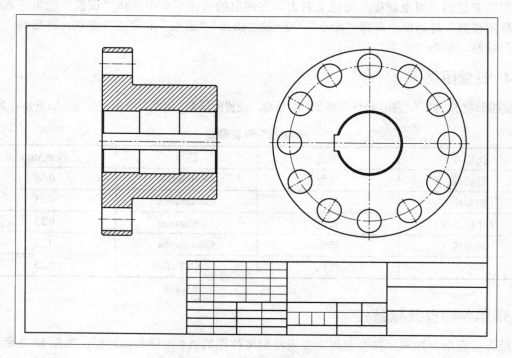

图 8-3　绘制零件图完整视图

7. 标注零件图尺寸及形位公差

完整标注零件图尺寸及形位公差，如图 8-4 所示。

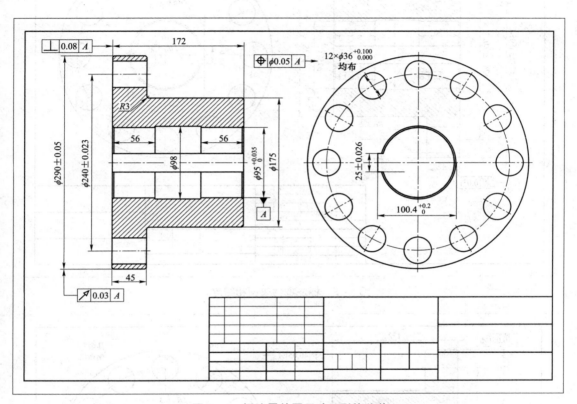

图 8-4 标注零件图尺寸及形位公差

8. 标注零件表面粗糙度

标注零件表面粗糙度，如图 8-5 所示。

9. 注写零件图技术要求及标题栏

注写零件图技术要求及标题栏，如图 8-6 所示。

10. 保存图形

单击"保存"按钮，选择合适的位置，以"图 8-1"为名保存。

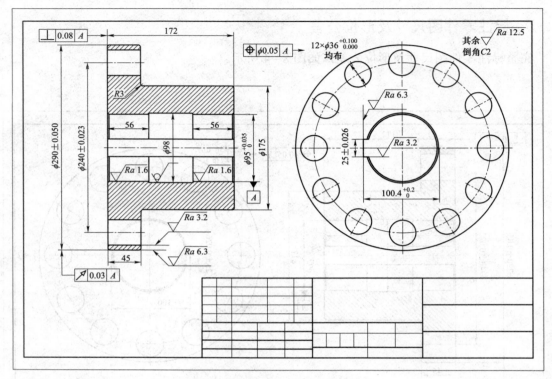

图 8-5 标注零件表面粗糙度

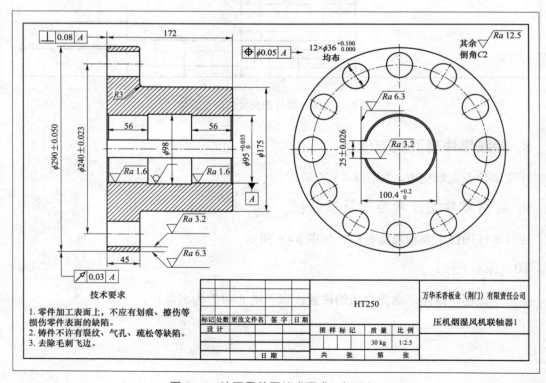

技术要求

1. 零件加工表面上，不应有划痕、擦伤等损伤零件表面的缺陷。
2. 铸件不许有裂纹、气孔、疏松等缺陷。
3. 去除毛刺飞边。

图 8-6 注写零件图技术要求及标题栏

任务评价

各组代表展示作品，介绍任务的完成过程，并完成表 8−2～表 8−4 所示的评价表。

表 8−2　学生自评表

班级：	姓名：		学号：	
任务：绘制压机烟湿风机联轴器				
评价项目	评价标准		分值	得分
学习态度	学习态度端正，热爱学习、提前预习		20	
学习习惯	勤奋好学、工作习惯良好		20	
上课纪律	课堂积极，无迟到、早退、旷课现象		20	
实践练习	思路清晰，绘图操作步骤正确、绘制的图形正确		20	
职业素养	安全生产、保护环境、爱护设施		20	
合计				

表 8−3　小组互评表

任务：绘制压机烟湿风机联轴器					
评价项目	分值	等级			评价对象 __ 组
计划合理	10	优 10	良 8	中 6	差 4
方案准确	10	优 10	良 8	中 6	差 4
团队合作	10	优 10	良 8	中 6	差 4
组织有序	10	优 10	良 8	中 6	差 4
工作质量	10	优 10	良 8	中 6	差 4
工作效率	10	优 10	良 8	中 6	差 4
工作完整	10	优 10	良 8	中 6	差 4
工作规范	10	优 10	良 8	中 6	差 4
成果展示	20	优 20	良 16	中 12	差 8
合计					

表 8-4　教师评价表

班级：		姓名：		学号：	
任务：绘制压机烟湿风机联轴器					
评价项目	评价标准			分值	得分
考勤	无迟到、旷课、早退现象			10	
完成时间	60 分钟满分，每多 10 分钟减 1 分			10	
理论填写	正确率 100% 为 20 分			20	
绘图规范	操作规范、绘制图形美观正确			10	
技能训练	绘制正确满分为 20 分			20	
协调能力	与小组成员之间合作交流			10	
职业素养	安全工作、保护环境、爱护设施			10	
成果展示	能准确汇报工作成果			10	
合计					
综合评价	自评（20%）	小组互评（30%）	教师评价（50%）	综合得分	

任务总结

（1）通过完成上述任务，你学到了哪些知识和技能？

_____

_____

（2）在绘图过程中，有哪些需要注意的事项？

_____

_____

拓展训练

按本任务描述所示图形要求，绘制图 8-1 并存盘，文件名为"姓名-项目 8-1 拓展训练"。

任务 2　绘制木质风选机拨料杆底座

任务描述

本次任务主要是使用 AutoCAD 2020 完成如图 8−7 所示的木质风选机拨料杆底座的绘制，独立、熟练地完成绘制任务并掌握绘制完整零件图的操作方法及步骤。

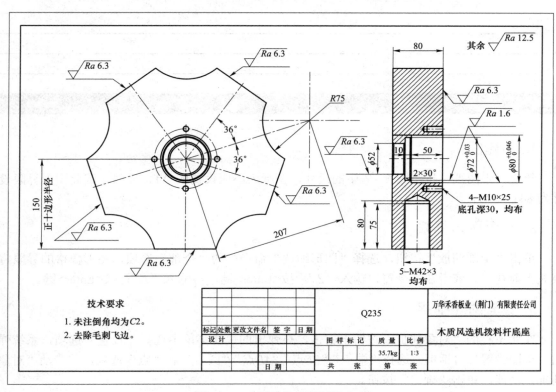

图 8−7　木质风选机拨料杆底座

任务目标

（1）熟练绘制木质风选机拨料杆底座。

（2）熟练掌握绘制完整零件图的操作方法及步骤。

任务分组

班级		组号		指导老师	
组长		学号			
组员					

任务准备

引导问题 1：简述绘制任务图形的基本思路和步骤。

_____

_____

_____

引导问题 2：简述该零件图标题栏各栏的含义。

_____

_____

_____

任务实施

1. 新建图纸

新建一张图纸，按照图 8-7 中的尺寸，图纸大小应设置成 A1，横放，因此图形界限设置为 841×594。

2. 显示图形界限

单击"全部缩放"按钮，选择"图形缩放"命令中的"全部"选项，图形栅格的界限将填充当前视口。或者在命令窗口输入"Z"，按<Enter>键，再输入"A"，按<Enter>键。

3. 设置对象捕捉

在状态栏的"对象捕捉"按钮上右击，在弹出的快捷菜单中选择"设置"选项，系统弹出"草图设置"对话框，选择"端点""交点""切点""圆心"和"点"选项，并启动"对象捕捉"功能，单击"确定"按钮。

4. 设置图层

按图形要求，打开"图层特性管理器"对话框，设置图层名、颜色、线型和线宽，如表 8-1 所示。

5. 绘制图框及标题栏

综合前面学习知识，按企业规定要求绘制零件图的 A1 图框和标题栏，如图 8-8 所示，具体尺寸参考项目 5 任务 2。

6. 绘制零件图完整视图

按图 8-7 中的尺寸要求，绘制零件图完整视图，预留空间，合理布图，绘制完成后的效果如图 8-9 所示。

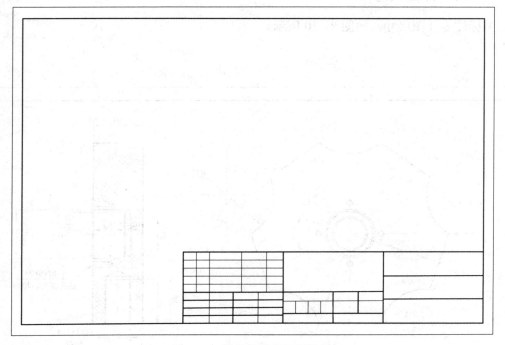

图 8-8　零件图图框及标题栏

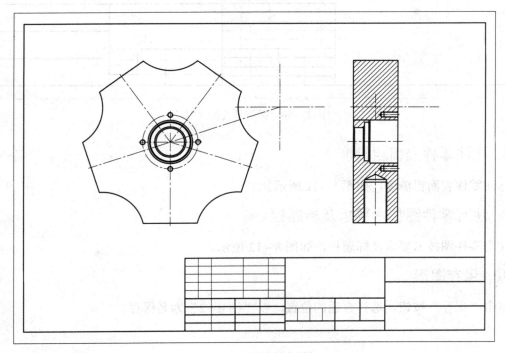

图 8-9　绘制零件图完整视图

7. 标注零件图尺寸

完整标注零件图尺寸，如图 8−10 所示。

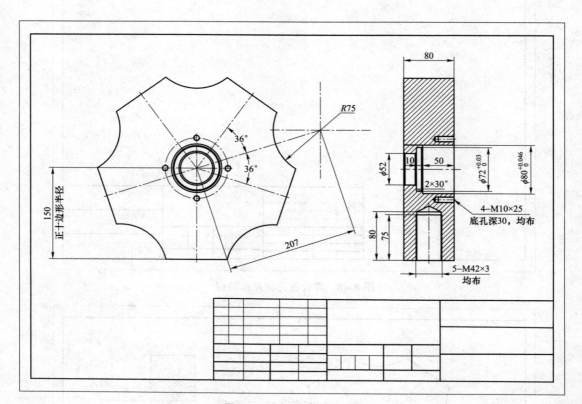

图 8−10　标注零件图尺寸

8. 标注零件表面粗糙度

标注零件表面粗糙度，如图 8−11 所示。

9. 注写零件图技术要求及标题栏

注写零件图技术要求及标题栏，如图 8−12 所示。

10. 保存图形

单击"保存"按钮，选择合适的位置，以"图 8−2"为名保存。

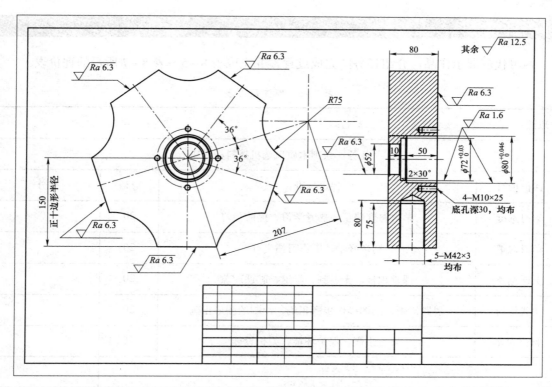

图 8-11 标注零件表面粗糙度

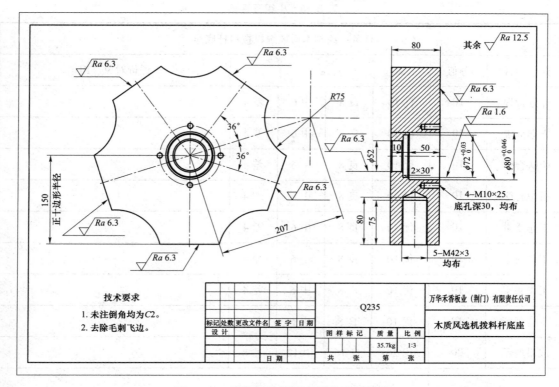

图 8-12 注写零件图技术要求及标题栏

任务评价

各组代表展示作品，介绍任务的完成过程，并完成表 8-5～表 8-7 所示的评价表。

表 8-5 学生自评表

班级：		姓名：		学号：	
任务：绘制木质风选机拨料杆底座					
评价项目	评价标准			分值	得分
学习态度	学习态度端正，热爱学习、提前预习			20	
学习习惯	勤奋好学、工作习惯良好			20	
上课纪律	课堂积极，无迟到、早退、旷课现象			20	
实践练习	思路清晰，绘图操作步骤正确、绘制的图形正确			20	
职业素养	安全生产、保护环境、爱护设施			20	
合计					

表 8-6 小组互评表

任务：绘制木质风选机拨料杆底座						
评价项目	分值	等级				评价对象__组
计划合理	10	优 10	良 8	中 6	差 4	
方案准确	10	优 10	良 8	中 6	差 4	
团队合作	10	优 10	良 8	中 6	差 4	
组织有序	10	优 10	良 8	中 6	差 4	
工作质量	10	优 10	良 8	中 6	差 4	
工作效率	10	优 10	良 8	中 6	差 4	
工作完整	10	优 10	良 8	中 6	差 4	
工作规范	10	优 10	良 8	中 6	差 4	
成果展示	20	优 20	良 16	中 12	差 8	
合计						

表 8-7　教师评价表

班级：		姓名：		学号：	
任务：绘制木质风选机拨料杆底座					
评价项目	评价标准			分值	得分
考勤	无迟到、旷课、早退现象			10	
完成时间	60 分钟满分，每多 10 分钟减 1 分			10	
理论填写	正确率 100%为 20 分			20	
绘图规范	操作规范、绘制图形美观正确			10	
技能训练	绘制正确满分为 20 分			20	
协调能力	与小组成员之间合作交流			10	
职业素养	安全工作、保护环境、爱护设施			10	
成果展示	能准确汇报工作成果			10	
合计					
综合评价	自评（20%）	小组互评（30%）	教师评价（50%）	综合得分	

任务总结

（1）通过完成上述任务，你学到了哪些知识和技能？

_____

_____

_____

（2）在绘图过程中，有哪些需要注意的事项？

_____

_____

_____

拓展训练

按本任务描述所示图形要求，绘制图 8-7 并存盘，文件名为"姓名-项目 8-2 拓展训练"。

参 考 文 献

[1] 武永鑫. AutoCAD 机械制图实训教程 [M]. 北京：北京邮电大学出版社，2016.

[2] 王技德，王艳. AutoCAD 机械制图教程 [M]. 3 版. 大连：大连理工大学出版社，2018.

[3] 刘哲. AutoCAD 实例教程 [M]. 3 版. 大连：大连理工大学出版社，2019.

[4] 崔强. 计算机绘图简明教程——AutoCAD 2019 中文版 [M]. 大连：大连理工大学出版社，2020.

[5] 卢彬，林梅，喻丹主. AutoCAD 2014 项目化教程 [M]. 哈尔滨：哈尔滨工业大学出版社，2019.

[6] 赵彩虹，刘洋. AutoCAD 2014 应用教程 [M]. 上海：上海交通大学出版社，2017.